2008

Verlag Podszun-Motorbücher GmbH
Elisabethstraße 23-25, D-59929 Brilon
Internet: www.podszun-verlag.de
Email: info@podszun-verlag.de

Herstellung Druckhaus Cramer, Greven

ISBN 978-3-86133-499-6

Für die Richtigkeit von Informationen, Daten und Fakten kann keine Gewähr oder Haftung übernommen werden. Es ist nicht gestattet, Abbildungen oder Texte dieses Buches zu scannen, in PCs oder auf CDs zu speichern oder im Internet zu veröffentlichen.

Titelfotos: Oliver Aust, Rückseite: Dr. Heinrich Ostarhild

Jahrbuch 2009 Traktoren

Michael Bach
Der Siegeszug des Dieselmotors im Schlepperbau   **5**

Michael Folkers
Motorpflüge und Dieselschlepper von Stock   **33**

Dr. Heinrich Ostarhild
Selbstfahrer zum Spritzen und Stäuben   **39**

Oliver Aust
Fendt Agrobil S   **49**

Klaus-Uwe Hölscher
Dampftraktoren als Exoten   **59**

Oliver Aust
Schlüter-Fan aus Leidenschaft   **67**

Stefan von der Ropp-Brenner
Hoffmann-Straßenschlepper aus Hannover   **73**

Dr. Heinrich Ostarhild
Tragschlepper der fünfziger und sechziger Jahre   **83**

Oliver Aust
Der Heizlampen-Sammler   **95**

Wolfgang Wagner
„Vollkommener denn je" – Der Lanz Eil-Bulldog   **101**

Liebe Leserin, lieber Leser!

Dies ist die 14. Ausgabe des Jahrbuchs Traktoren. Wir freuen uns, Ihnen wieder interessante Themen rund um Ihr Hobby anbieten zu können. Dank gilt an dieser Stelle allen Autoren und Bildgebern, die in den letzten Wochen und Monaten mit Engagement und einer Menge Zeitaufwand gearbeitet haben, damit dieses Jahrbuch rechtzeitig zur Frankfurter Buchmesse 2008 erscheinen kann. Übrigens: Abbildungen, die nicht namentlich gekennzeichnet sind, wurden jeweils von den Verfassern der Artikel zur Verfügung gestellt.

Dank gilt auch Ihnen, liebe Leserin, lieber Leser, für die Zuschriften oder Telefonate, in denen Sie Kritik oder Zustimmung äußerten und Anregungen lieferten. Wir freuen uns auf den Kontakt mit Ihnen und sind gerne bereit, Ihre Wünsche zu berücksichtigen.

Wir wünschen Ihnen viel Vergnügen mit dem Jahrbuch und nicht vergessen: das nächste Jahrbuch Traktoren, die Ausgabe 2010, ist ab Oktober 2009 erhältlich.

Ihr Redaktionsteam „Jahrbuch Traktoren"

P.S.

Sie können das Jahrbuch in Buchhandlungen oder direkt beim Verlag abonnieren.
Von den Ausgaben 2003, 2004, 2005, 2006, und 2008 sind noch einige Restexemplare lieferbar.
Fordern Sie kostenlos und völlig unverbindlich unser Gesamtverzeichnis an
mit Büchern über Schwertransporte, Baumaschinen, Lastwagen, Autos, Motorräder,
Traktoren, Lokomotiven und Feuerwehrfahrzeuge:
Verlag Podszun-Motorbücher GmbH
Elisabethstraße 23-25, D-59929 Brilon, Telefon 02961 / 53213, Fax 02961 / 2508
Email: info@podszun-verlag.de, Internet: www.podszun-verlag.de

Der Siegeszug des Dieselmotors im Schlepperbau

von Michael Bach

Im Jahrbuch Traktoren 2008 berichteten wir über den Einzug des Dieselmotors im Schlepper und seinen Weg zum Erfolg, der sich in der stets eher konservativ orientierten Landwirtschaft jedoch als steiniger erwies als in anderen Bereichen. Die ersten Dieselschlepper der Welt, der Benz-Sendling S 6 und das MWM „Motorpferd" sowie alle diejenigen, die ihnen zwischen 1922 und 1930 folgten, garantierten, so großartig die hinter ihnen stehenden Ingenieurleistungen auch waren, noch lange nicht den endgültigen Erfolg. Hinzu kam erschwerend, daß durch das erste Auftreten des Lanz-Bulldogs mit seinem auf Anhieb legendären Glühkopf-Motor ein Konkurrent sowohl für den Diesel- als auch für den Vergasermotor für Betrieb mit Benzin oder anderen zeitgenössischen Kraftstoffen wie Benzol, Petroleum und so weiter antrat, dessen Vorzüge in Fragen der Wirtschaftlichkeit, Leistungsfähigkeit und Zuverlässigkeit keine Wünsche offen ließ. Ein Nachtrag zu dem genannten Beitrag im Jahrbuch 2008 ist an dieser Stelle fällig. Eine dem Autor inzwischen zugängliche Quelle belegt, daß der außerordentlich fortschrittlich konzipierte Dieselschlepper MWM, Typ SR 130, und keinesfalls zu verwechseln mit dem „Motorpferd", bereits im Jahr 1927 zur Verfügung stand. In welchem Umfang, ob als Prototyp oder allein im Werkseinsatz, ist nach wie vor ungeklärt – aber dieses hochmoderne Fahrzeug gehört damit zu den echten Epochemachern auf diesem Gebiet.

Der wirkliche Durchbruch des Dieselmotors im Schlepperbau vollzieht sich dann auch erst in der ersten Hälfte der dreißiger Jahre des vorigen Jahrhunderts, und wieder spielt sich diese Etappe der Entwicklung nahezu ausschließlich in Deutschland ab. Ganz anders als in weiteren bedeutenden Industrieländern, allen voran die USA, Großbritannien und Frankreich (oder anders auch als in der Schweiz, die einen eigenen, beeindruckenden Bau von Traktoren hat): niedrige Kraftstoffpreise geben den Konstruk-

MTZ 220 vor historischer Kulisse

Deutz MTZ 120 als Straßenschlepper

MTZ 220 – ein weiteres kostbares Sammlerstück

teuren hier kaum Anlaß, die ausgereiften, in der Praxis ausgezeichnet bewährten Vergasermotoren durch neuentwickelte Dieselaggregate, deren bessere Eignung noch nicht wirklich bewiesen ist, zu ersetzen. Dies soll bekanntlich bis in die fünfziger Jahre so bleiben. In den genannten Ländern und überall dort in der Welt, wo man bevorzugt Traktoren amerikanischer oder englischer Herkunft kauft, etwa in Holland, in Skandinavien oder in Übersee, sind Dieselschlepper weit weniger gefragt als hierzulande. Der große Schlepper-Konstrukteur Harry Ferguson hat einen regelrechten Horror vor Dieselmotoren.

Zurück nach Deutschland. Die führenden Hersteller der Motoren- und Fahrzeugindustrie haben die Wirtschaftskrisen der Weimarer Republik halbwegs glimpflich überstanden. Die nationalsozialistische Machtergreifung scheint geradezu ein Wirtschaftswunder zu verheißen – Auftrieb für alle Industriezweige, aber im Besonderen für alles, was mit der Motorisierung einhergeht. Bei Deutz hat man ja mit der drei Modelle umfassenden MTZ-Baureihe eine Weichenstellung vorgenommen. Die Produktion dieser Schlepper beginnt mit dem 27 PS starken Typ 120 im Jahr 1927 (siehe Jahrbuch Traktoren 2008). 1932 löst ihn der durch Anhebung der Drehzahl auf 30 PS gesteigerte 220 ab, dem 1934 der 320 mit 36 PS folgt. Dabei sind die Kölner in der glücklichen Lage, auf einen lange bewährten Zweizylinder-Stationärmotor zurückgreifen zu können, der liegend in einen massiven Rahmen eingebaut wird. Dieser Vorteil gegenüber der Konkurrenz zahlt sich aus: vom ersten Produktionsjahr, also 1927, bis zur Einstellung der Baureihe 1936 verlassen insgesamt 2 165 MTZ das Werk. Die leistungsstärkste Variante, der 320, kommt dabei in den zwei Jahren seiner Bauzeit allein auf 1 427 Exemplare! Bei den MTZ-Motoren handelt es sich stets um das gleiche Aggregat mit 135 Milimeter Bohrung, 200 Milimeter Hub, 5 722 cm^3 Hubraum und Nenndrehzahlen von 600, 850 beziehungsweise 1 100 U/min. Beim MTZ 320 hat man darüberhinaus die Ausführung des Zylinderkopfes, der bei allen Modellen zum Fahrer hin zeigt, verändert – eine Maßnahme, die neben der Drehzahlanhebung ebenfalls zur gesteigerten Leistung beiträgt. Die Motoren verfügen über Zwangsumlaufkühlung und werden normalerweise mit Hilfe von Zündpapier, das in die Vorkammern eingeführt wird und Handkurbel (notfalls auch beidseitig mit zwei Kurbeln) gestartet. Die schweren Schlepper (Eigengewichte 3 400 beziehungsweise 3 800 Kilogramm mit Elastikbereifung) sind natürlich für größere Betriebe ausgelegt, deren Leistungsanforderungen sich inzwischen an den Lanz Bulldogs HR 2, HR 5 und HR 6 orientieren. Vor allem der MTZ 320 ist jedoch auch eine beliebte und durch hohe Zugleistung hervortretende Maschine für den gewerblichen Einsatz bei Bauunternehmungen, Speditionen, Brennstoffhändlern, Schaustellern und so weiter. Entsprechend umfangreich ist die Liste seiner Zusatzausrüstungen (u. a. Karbid- oder elektrische Beleuchtung, Seilwinden, zusammenklappbares Wetterdach über der Doppelsitzbank, Vollkotflügel mit Trittbrettern, Ballastgewichte und dergleichen), die bis zu einer mit Hochdruck-Riesenluftreifen ausgerüsteten Fahrerhausmaschine reicht. Seine maximale Brutto-Anhängelast beträgt 20 Tonnen, die Geschwindigkeiten in den drei Vorwärtsgängen 4,5; 8,4

MTZ 320
Ackerschlepper
Unten: Schwerer
MTZ 320

Der Siegeszug des Dieselmotors im Schlepperbau

Deutz FM315 Ackerschlepper Baujahr 1934

F2M315 Universal-Schlepper mit 5-Ganggetriebe und Riemenscheibe

Zwei Berliner in Leipzig: Der Autor auf einem 28er Stahlschlepper, der von einem Berliner Kohlenhändler stammt

und 16 km/h. Die Motorkraft wird durch Konus-Kupplung und Rollenkette auf das Getriebe übertragen. Um den Anlaßvorgang zu erleichtern und um auf eine laut Prospekt „feuergefährliche Anheizlampe" verzichten zu können, kann man einen sogenannten Schwungkraftanlasser bestellen, ohne Mehrpreis. Von diesem wird das Schwungrad mittels Kurbel und Rollenkette in schnelle Umdrehungen versetzt. Eine Reibungskupplung, die das Schwungrad mit der Kurbelwelle fest verbindet, dreht dann den großen Motor durch und startet ihn. Die Werte für den Ackerschlepper MTZ 320 werden mit etwa 3 000 kg Eigengewicht, Geschwindigkeiten von 3,9; 4,9 und 6,3 km/h sowie mit einer zehnstündigen Arbeitsleistung beim Tiefpflügen von 13-18 Morgen angegeben.

Nun sind die MTZ allesamt zwar hervorragende Maschinen, die sich bei ihren Besitzern großer Zufriedenheit erfreuen, aber die durch den Fordson gute zehn Jahre zuvor ausgelöste Revolution der kostengünstigen, hohe Stückzahlen ermöglichenden rahmenlosen Blockbauweise ist nicht ohne Folgen geblieben. Die Deutz MTZ sehen, ungeachtet ihrer Qualitäten, „ein bißchen alt" aus.

Mit dem Hanomag WD-Radschlepper hat ab 1924 erstmals ein renommierter deutscher Hersteller eine technisch brillante Antwort auf den Fordson gegeben – allein fehlt in Hannover zu diesem Zeitpunkt noch ein Dieselmotor, der das Konzept des WD perfektioniert hätte. Die Heinrich Lanz AG hat mittlerweile die erste deutsche Fließbandproduktion eines Industrieproduktes eingeführt, der Groß-Bulldog HR 2 läuft in Mannheim seit 1927 in konkurrenzlos hohen Stückzahlen vom Band. Der daraus resultierende Preisvorteil in Verbindung mit dem Glühkopfmotor und der außerordentlich hochstehenden Qualität der Gesamtkonstruktion machen ihn zum meistverkauften Schlepper in Deutschland, der Export-Anteil ist ebenfalls enorm groß.

M417 Universal-Schlepper, 35 PS

Aber bei Deutz ist man nicht untätig, sondern erkennt im Gegenteil genau die Zeichen der Zeit. Der Vorteil der Blockbauweise liegt ja zum einen, in technischer Hinsicht, in der garantierten Verwindungssteifigkeit, zum anderen wirtschaftlich gesehen, in der ungleich kostengünstigeren Produktion. Ein gravierender Nachteil soll aber nicht verschwiegen werden: für größere Reparaturarbeiten, etwa an Kupplung oder Getriebe, muß der Schlepper getrennt, „auseinandergefahren" werden: Motor- und Getriebeteil müssen aufwendig abgestützt und aufgebockt werden, der Schlepper ist nicht mehr von der Stelle zu bewegen. Beim Rahmenschlepper hingegen bleibt das Fahrgestell immer auf allen vier Rädern stehen. Aber das ist in dieser Zeit kein ausschlaggebendes Argument: der rahmenlosen Blockbauweise gehören die kommenden fünf bis sechs Jahrzehnte.

Deutz geht hierbei nun einen eigenen Weg. 1934 wird der erste in rahmenloser Blockbauweise gehaltene Deutz, der unter dieser Bezeichnung berühmte „Stahlschlepper" F2M315 vorgestellt. Bei ihm ist das Getriebegehäuse jedoch nicht, wie etwa beim Fordson, beim Hanomag WD oder wie beim Bulldog, ebenfalls aus Gußstahl wie der Motorblock, sondern aus Stahlblech geschweißt! Eine ungewöhnliche und wohl auch einmalig gebliebene Lösung: man traut dem Material Gußstahl noch nicht die erforderliche Festigkeit und Bruchsicherheit zu. Alle Typen dieser Baureihe, also der in nur geringen Stückzahlen gefertigte F2M317 (1935-40, 30 PS), der wesentlich mehr und länger gebaute F2M417 (1941-53, 35 PS) und auch die großen Dreizylinder F3M317 und F3M417 mit 45 beziehungsweise 50 PS weisen diese Getriebegehäuse aus geschweißtem Stahlblech auf. Wir finden es sogar noch im ersten luftgekühlten Dreizylinder-Modell der Baujahre 1951-56, dem F3L514/51 mit 40-42 PS wieder. Obgleich der klassische Stahlschlepper natürlich der F2M315 ist, wird die populäre Bezeichnung auf die gesamte Baureihe der wassergekühlten Deutz-Typen übertragen – mit einer, allerdings entscheidenden Ausnahme: der legendäre „Elfer" Bauernschlepper, auf den wir noch kommen werden, zählt nicht dazu.

An dieser Stelle sei eine kurze Erläuterung der für die Deutz-Schlepper bis weit in die fünfziger Jahre geltenden Typen-Bezeichnungen eingefügt, am Beispiel des „Stahlschleppers" F2M315:

F	=	Fahrzeugmotor
2	=	Zylinderzahl
M	=	Wasserkühlung
3	=	Motorenbaureihe
15	=	Hub in cm

F2M417 als Straßenschlepper

In Markkleeberg zu bewundern: 250 PS von Deutz!

F3M417 mit schönem Stabholz-Fahrerhaus

Diese Bezeichnungen gelten gleichermaßen für die Motoren selbst.

Sehen wir uns den F2M315, mit dem der Humboldt-Deutzmotoren A. G. der Durchbruch zu einem der führenden deutschen Schlepper-Hersteller gelingt, näher an. Sein Zweizylinder-Vorkammermotor mit der Ölwanne aus Gußstahl ist mit dem geschweißten Getriebegehäuse verschraubt, beide Baugruppen bilden so den eigentlichen, tragenden und verwindungssteifen Fahrzeugrumpf. Alle Nebenaggregate wie Kühler, Ventilator, Luft- und Kraftstoff-Filter, Einspritzpumpe und so weiter werden vom Motorblock getragen, alle für die Bedienung erforderlichen Teile sind am Getriebegehäuse montiert. Die Kolben bestehen aus Leichtmetall. Kurbelgehäuse und Zylinderblock sind in einem Stück gegossen, die Kurbelwelle ist nur vorn und hinten rollengelagert, im Bereich der Zylinder ist sie freitragend (dies gilt für alle wassergekühlten Deutz-Schleppermotoren). Die Druckumlaufschmierung erfolgt durch eine auf der

Der größte Stahlschlepper: F3M317

Kurbelwelle befindliche, exzenterbetätigte Kolbenpumpe. Das zurückfließende Schmieröl wird in der großdimensionierten Ölwanne aufgefangen und sorgfältig gefiltert, bevor es den Kreislauf wieder erreicht. Die Öltemperaturen bleiben niedrig. Das schwere Schwungrad sorgt für ruhigen Lauf des Zweizylinders

Der erste Hanomag-Dieselschlepper heißt zunächst RD 32 ...

und erleichtert das Anwerfen mit der Handkurbel. Dazu wird mittels eines Hebels an der Kraftstoffpumpe ein Zylinder dekomprimiert, während der andere die maximale Kraftstoffmenge erhält. Das Verstellen des Handhebels erfolgt halbautomatisch: durch einen leicht zugänglichen Knopf, der beim Andrehen in Richtung des Kühlers gedrückt wird. Ist die erforderliche Drehzahl erreicht, wird dieser Knopf in die Ausgangsstellung zurückgezogen, wodurch der Handhebel die Dekompression ausschaltet. Die patentierte Deutz-Einspritzpumpe mit Saug- und Druckventil und eingesteckten Düsen ist eine Überströmpumpe mit Schrägkantenstellung am Plunger. Sie arbeitet mit niedrigen Drücken. Der Fliehkraftregler arbeitet zuverlässig im gesamten Drehzahlbereich von 350-1 200 U/min. Kühlwasserpumpe und Ventilator werden von einer gemeinsamen Welle angetrieben. Linksseitig am Motorblock ermöglicht eine große Öffnung den Ausbau der Kolben, die nach unten herausgezogen werden, ohne daß die Demontage des Zylinderkopfes erforderlich ist. Die in das Schwungrad eingebaute Einscheiben-Trockenkupplung überträgt die Kraft des Motors auf das Getriebe (4 beziehungsweise 5 V/1 R, je nach Ausführung). Im hinteren Teil des Getriebegehäuses befinden sich die querliegende Zwischenwelle mit Tellerrad und Ritzel sowie das Differential. Im Getriebe integriert sind auch Riemenscheiben- und Zapfwellenantriebe durch eine gemeinsame Welle.

Es gibt den Stahlschlepper in drei Grundvarianten als Acker-, Universal- und Straßenschlepper. Die Universalmaschine kann, je nachdem, ob der Anteil an Ackerarbeiten oder Straßenfahrten überwiegt, mit verschiedenen Ausstattungen geliefert werden, beim Straßenschlepper reichen die Bereifungsarten von der Hochelastikvariante bis zu Riesen-Aero-Luftreifen oder hinterer Zwillingsbereifung. Beim Ackerschlepper mit Eisenrädern ist der fünfte Gang gesperrt, die Vorderachse ungefedert, der Auspuff besitzt keinen Schalldämpfer, und es gibt lediglich eine Getriebe-Handbremse. Der Universalschlepper hat den fünften

... die erste Serienversion heißt dann RD 36 – hier ein Straßenschlepper mit Zusatzgreifern

Hanomag AR 38 – heute in Sammlerhand

Typ	F2M315	F2M317	F2M417
Baujahre	1934-42	1935-40	1941-53
Bohrung (mm)	120	120	120
Hub (mm)	150	170	170
Hubraum (cm³)	3 400	3 845	3 845
Dauerleistung (PS)	25		
Höchstleistung über 1 h	28	30	35
Max. Drehmoment (mkg)		18,8 bei 1 200 U/min	
Nenndrehzahl (U/min)	1 200	1 300	1 350
Verdichtung	18:1	18:1	18:1
Kupplung	Deutz	F & S GS280KZ	F & S GS280KZ
Zahl der Gänge	5 bzw. 4 V / 1 R	5 bzw. 4 V / 1 R	5 bzw. 4 V / 1 R
Länge (mm)	3.280	3 650	3 180
Breite (mm)	1 630	1 930	1 660
Radstand (mm)	1 920	1 940	1 940
Bodenfreiheit (mm)	275	340	300
Zul. Höchstgew. (kg)	3 000	3 800	3 800
Vorderachslast (kg)	1 000	1 200	1 200
Hinterachslast (kg)	2 000	2 600	2 600
Luftbereifung vorn	6,50-20	5,50-20 o. 6,00-20	6,00-20
hinten	11,25-24	12,75-28 o. 12,00-20 HD	12,75-28

Gang zur Verfügung, einen schallgedämpften Auspuff, Federachse, Trommelbremsen, Ackerschiene und Anhängekupplung, Azetylen- oder elektrische Beleuchtung und Zusatzausrüstungen auf Wunsch. Der Straßenschlepper hat eine elektrische Beleuchtungsanlage, eine Druckluft-Bremsanlage und auf Wunsch Riemenscheibe, geschlossenes Fahrerhaus, Seilwinde u.ä.

Auch die altehrwürdige DLG ist der Gleichschaltungspolitik der Nazis nicht entgangen. Auf der ersten „Reichsnährstandsausstellung" im Jahr 1934 in Erfurt wird der F2M315 vorgestellt, und schon im September des gleichen Jahres findet die technische Prüfung auf dem Schlepper-Prüffeld Bornim statt, bei der eine maximale Dauerleistung an der Riemenscheibe von 26,7 PS, ein mit 233 g/PSh günstiger Kraftstoffverbrauch, nur geringer Drehmomentanstieg bei Überlastung, aber auch ein nur geringer Drehzahlabfall bei plötzlichem Lastwechsel ermittelt werden. Mit Eisenrädern beträgt die maximale Zughakenleistung im ersten Gang 18,4, mit Luftbereifung im dritten Gang 19,5 PS.

Der F2M417 unterscheidet sich von den beiden anderen Maschinen auch durch Verwendung einer Zahnrad-Ölpumpe, und in den Baujahren nach 1945 erhält er Lenkbremsen sowie eine elektrische Anlage mit Anlasser. Die Leistungssteigerung wird durch erneute Drehzahlanhebung sowie durch den Einbau von Einspritzpumpen, Einspritzdüsen und Regler der Firma Bosch erreicht.

In einem Schriftwechsel der Hildesheimer Generalvertretung der Humboldt-Deutzmotoren A. G., der Firma Wilhelm Jahns (nach 1945 Ford-Händler, bei dem man in den fünfziger Jahren auch den Fordson Major kaufen kann) mit einem Landwirt wird der 28er Deutz, hier als „kleine Gutsmaschine" bezeichnet, am 4. November 1937 mit Ackerluftreifen für 6 450 Reichsmark angeboten. Zusatzkosten von 350 Reichsmark entstehen für die elektrische Anlage, bestehend aus Lichtmaschine, Batterie, je einem Scheinwerfer vorn und hinten, Glühspiralen mit Schalter und Glühüberwacher (70 RM) und Zapfwellenendstück (25 RM). Zum Vergleich: der Lanz D 7506 kostet, vergleichbar ausgestattet, 5 025

Der zieht was weg: RD 36 mit zeitgenössischem, schweren Anhänger

Noch nicht ganz fertig, aber auf dem besten Weg: K 50 als Planierraupe

Für schwerste Lasten: Straßenschlepper SR 45

Reichsmark. Andere Konkurrenten gibt es, zumindest in dieser Zeit, in dieser Leistungsklasse nicht. Als der F2M315 1936 die Große Silberne Denkmünze erhält, die der Reichsnährstand von der DLG übernimmt, steigert diese hohe Auszeichnung sein Ansehen unter den Landwirten noch einmal beträchtlich. Im Lauf seiner neunjährigen Bauzeit werden 11 888 Exemplare verkauft, ein Riesenerfolg für die älteste Motorenfabrik der Welt. Für den von 1935-40 parallel dazu gebauten F2M317, der nur 2 PS mehr Leistung zur Verfügung stellt, besteht offenbar kein wirklicher Bedarf: nur insgesamt 268 Exemoplare finden den Weg zum Kunden. Sein Nachfolger F2M417 erreicht immerhin 3 371 Stück, davon allein 2 108 in den Nachkriegsjahren von 1949-53, parallel zu den bereits produzierten, luftgekühlten FL514ern. Bereits 1935 ergänzt der stärkste Stahlschlepper die erfolgreiche Baureihe. Für große Güter, Mühlenbetriebe und Brauereien, Bauunternehmen, Schausteller und Speditionen steht mit dem Dreizylinder-Typ F 3M317 ein Schwergewicht bereit, das allen Leistungsanforderungen genügt. Sein Motor leistet 45 PS, nach dem noch 1942 vorgenommenen Modellwechsel zum F2M417 bis 1952 50 PS. Mit dieser PS-Angabe gilt dieser Schlepper heutzutage als 50er Wasser-Deutz, ungeachtet der Unterschiede, die zwischen den beiden Typen doch bestehen. Die Mehrleistung von 5 PS geht auf das Konto einer Steigerung der Nenndrehzahl und den Einbau einer Reihenpumpe von Bosch. Große Wartungs- und Reparaturöffnungen am Motorblock ermöglichen den leichten Zugang zu Kolben, Lagern und Kurbelwelle und die Zylinder aller Motoren der Stahlschlepper haben auswechselbare Laufbuchsen. Auch der Dreizylinder verfügt über eine Zahnrad-Ölpumpe.

Der Kraftstoffverbrauch war stets ein wichtiger Punkt bei der Bewertung eines Schleppers. Beim 50er

Vom K 50 abgeleitet: der Radschlepper AR 50

Vielsagende Werbung für den 11er Deutz!

Typ	F3M317	F3M417
Baujahre	1935-42	1942-52
Bohrung (mm)	120	120
Hub (mm)	170	170
Hubraum (cm^3)	5 768	5 768
Leistung (PS)	45	50
Nenndrehzahl (U/min)	1 300	1 350
Verdichtung	18:1	18:1
Kupplung	F & S G280KZ	F & S G2/280KZ
Getriebe (Zahl d. Gänge)	3 bzw. 5 V / 1 R	3 bzw. 5 V / 1 R
Länge (mm)	3 650	3 650
Breite (mm)	1 930	1 930
Radstand (mm)	2 200	2 200
Bodenfreiheit (mm)	340	300
Max. Ges.gew. (kg)	4 000	4 000
Vorderachslast (kg)	1 250	1 250
Hinterachslast (kg)	2 750	2 750
Luftbereifung vorn	6,00-20	6,50-20
Luftbereifung hinten	12,75-28	12,75-28

Deutz wird er mit durchschnittlich 210 g/PSh angegeben. Zum Vergleich: der Hanomag-Motor D 52 verbraucht im Schlepper AGR 38 nach Werksangaben etwa 200, der 45 PS-Bulldog D 9506 jedoch 240 g/PSh. Der F3M417 erhält angesichts der höheren Motorleistung eine Zweischeibenkupplung.

Als interessante Sonderausstattung steht für den Dreizylinder eine Druckluft-Starteinrichtung zur Verfügung Hierzu ein Originalzitat aus einem Prospekt: „Das Anlassen erfolgt beim Straßen- und beim Universalschlepper mittels elektrischer Starter und Glühkerzen. Beim Ackerschlepper ist ein elektrischer Starter ungeeignet, da er hauptsächlich nur im Frühjahr und im Herbst gebraucht wird. In der Zwischenzeit würde die Anlaßbatterie nicht genügend gebraucht und gepflegt und in Jahresfrist verderben. Da auch die Stöße des Ackerschleppers mit Eisenrädern der Batterie nicht zuträglich sind, haben wir eine einfache, unbedingt zuverlässige Druckluftanlaßvorrichtung vorgesehen. Kein Ankurbeln von Hand, keinerlei Feuergefahr durch Anheizlampe, kein Benzin." Ist es allein aus heutiger Sicht, nach rund 70 Jahren, gerechtfertigt zu fragen, ob das irgendjemand geglaubt hat? Dahinter steckte nichts anderes als die schamhafte Verklausulierung des Befehls, gefälligst Material-Ressourcen für militärische Zwecke einzusparen! Eine sehr persönliche Anmerkung sei mir gestattet: der Klang des 50ers, im großen Gang etwas untertourig gefahren, ist einfach umwerfend …

Wie schon bei den Zweizylinder-Typen, so gibt es auch vom größten Stahlschlepper drei Grundvarianten: den Ackerschlepper (mit nur drei Vorwärtsgängen), den Universal- und den Straßenschlepper, mit allen für den jeweiligen Einsatzzweck notwendigen Zusatzausrüstungen bis hin zum formschönen und relativ komfortablen Fahrerhaus.

Obwohl spätestens im Jahr 1942 die politischen Vorgaben der Nationalsozialisten den Bau von Dieselschleppern gestoppt haben, scheint der Dreizylinder-Deutz noch ein Jahr länger gebaut worden zu sein, bis zur Produktionseinstellung in immerhin 6 248 Exemplaren. Schon bald nach Kriegsende wird die Fertigung erneut aufgenommen (übrigens im Magirus-Werk in Ulm), um bis 1952 fortgesetzt zu werden. In dieser Zeit entstehen noch einmal weitere 2 398 Stück vom F3M417.

An dieser Stelle verlassen wir den Schauplatz Köln zunächst einmal und wenden uns nach Hannover. Hier, bei der höchst renommierten Hanomag, liegen

Der Bauernschlepper schlechthin: Deutz F1M414

Große Verbreitung fand der Kramer Allesschaffer, hier ein K 12

Deutlich zu erkennen: die eigenartige Anordnung der Lenkung nahezu diagonal durch den Fahrerstand beim Zettelmeyer Z1

Das Maß der Dinge in der 22 PS-Klasse: der Fahr F 22

die Dinge Ende der zwanziger, Anfang der dreißiger Jahre gleichermaßen ähnlich wie verschieden. Mit dem noch von dem großen Kraftfahrzeug-Konstrukteur Joseph Vollmer geschaffenen WD-Radschlepper R 28 besitzt man zwar ein konkurrenzlos modernes Fahrzeugkonzept, das alle Vorzüge des Fordson aufweist, seine Schwachstellen jedoch vermeidet. Aber es fehlt an einem zeitgemäßen Dieselmotor. Ein mindestens ebenso schwerwiegendes Problem ist der Umstand, daß die Hanomag von der Weltwirtschaftskrise des Jahres 1929 extrem schwer getroffen worden war. Traditionelle Standbeine der Produktion wie der Bau von Lokomotiven und Dampfkesseln mussten aufgegeben werden, 1931 wird Konkurs angemeldet. Die Belegschaft zählt zu diesem Zeitpunkt mit 1 260 Mitarbeitern nur noch ein knappes Drittel gegenüber dem Jahr 1926. Eigentlich nicht eine Situation, die zu technischen Innovationen anregt. Aber es kommt anders. Zunächst noch ein außerordentlich zeittypisches Zitat aus der Werkszeitschrift Hanomag-Nachrichten, Jahrgang 1926: „Bewußt ist auf das Rohöl als Treibmittel verzichtet worden, da einmal die Herstellung von Rohöl-Motoren je Pferdekraft sich so teuer stellte, daß ihre größere Wirtschaftlichkeit im Betrieb durch hohe Anschaffungskosten und dementsprechend hohe Abschreibungen zum Teil wieder aufgehoben wird; andererseits läßt bei Rohölmotoren die Betriebssicherheit und Betriebsbereitschaft oft zu wünschen übrig, und die Belästigung sowohl des Fahrers als auch des Publikums mit üblem Geruch und Ausstoßen unverbrannter Öle ist nicht ganz zu vermeiden". Das liest sich exakt so wie die Stellungnahme eines Herstellers, der mit dem Rücken zur Wand steht – und so ist es angesichts der Konkurrenz von Lanz Bulldog und Deutz MTZ wohl auch. Verschiedene betriebswirtschaftliche Maßnahmen, die in erster Linie die Gesellschaftsform betreffen, ermöglichen ein Überleben auf ganz niedriger Ebene. Die Zeit wird klug genutzt: seit 1924 ist der Konstrukteur Lazar Schargorodsky, ein Motorenspezialist hohen Grades, in leitender Stellung im Konstruktionsbüro. Er widmet sich ab 1928 der Entwicklung eines modernen, schnellaufenden Dieselmotors zum Einbau in den rahmenlosen, in Blockbauweise gehaltenen WD-Radschlepper. Das Aggregat ist 1931 produktionsreif. In diesem Jahr steht der

Dieselschlepper mit der Typenbezeichnung RD 32 auf dem Stand der Hanomag bei der DLG-Ausstellung – ein Heimspiel, denn diese „DLG" findet in Hannover statt.

Zu dieser Typenbezeichnung ist ein erläuterndes Wort erforderlich. Sie taucht nur zweimal auf, nämlich bei dieser ersten Vorstellung des Schleppers und bei der im gleichen Jahr auf Veranlassung des Herstellerwerks von Professor Gustav Fischer und Helmut Meyer, dem legendären „Schlepper-Meyer", durchgeführten Prüfung auf dem Schlepper-Prüffeld Bornim. Danach wird der erste Hanomag-Dieselschlepper sowohl in der zeitgenössischen Literatur als auch in heutigen Fachveröffentlichungen nur noch als Typ RD 36 bezeichnet. Vergleicht man die Angaben und Daten beider, so ergibt sich tatsächlich an keiner Stelle ein Unterschied. Die Vermutung liegt nahe, daß sich die Hanomag aus marktpolitischen Gründen sehr schnell entschließt, die Typenbezeichnung der in den Prüfungen ermittelten PS-Leistung anzupassen, um so mit den erfolgreichen Lanz-Typen HR 5 und HR 6 gleichzuziehen – den Deutz Stahlschlepper gibt es ja 1931 noch nicht, und von den MTZ-Typen unterscheidet man sich in Hannover deutlich durch das modernere Fahrzeugkonzept. Sein Gesamtaufbau entspricht weitgehend dem des WD R 28/32, dem Vergaser-Radschlepper, wie er werksseitig auch genannt wird zur besseren Unterscheidung vom neuen Dieselschlepper. Für ihn hat die Hanomag einen speziellen Schwerölvergaser entwickelt für den Betrieb mit Petroleum, Benzin oder Benzol. Im Betrieb mit letzterem leistet der Schlepper 32 PS. Nach einer kurzen Übergangsperiode, während derer beide Maschinen parallel gebaut wurden, wird die Produktion des Vergaser-Radschleppers eingestellt. Das Dreiganggetriebe und die Hinterachse werden ohne Veränderung übernommen. Der seinem Hubraum von 5,2 Liter entsprechend als D 52 bezeichnete Vierzylinder-Vorkammermotor ist jedoch erheblich schwerer als der Vergasermotor des WD, auch Eigengewicht, Länge und Radstand des Neuen sind deutlich größer. Die wichtigsten Daten des Motors lauten: Bohrung 105, Hub 150 Milimeter, Hubraum 5 195 cm^3, Verdichtung 20:1, Leistung je nach Drehzahl bei 1 000-1 600 U/min von 36-60 PS, maximales Drehmoment zwischen etwa 26 und 30 mkg bei unterschiedlicher Drehzahl.

Professor Georg Kühne vom Institut für Landmaschinen an der Technischen Hochschule München, eine der maßgeblichen Kapazitäten seines Fachs, untersucht im Auftrag der Hanomag den neuen Motor und veröffentlicht die Ergebnisse in der

Gute Figur in der Sammlung des Fendt-Spezialisten

TidL (H.3/1931). Einige Zitate hieraus belegen die herausragende Qualität der Maschine. So heißt es etwa: „Bei der Normdrehzahl n = 1100/min hat der Motor fast 42 PS abgegeben und einen spezifischen Brennstoffverbrauch von 210 g/PSh gehabt. Während der ganzen Versuchsreihe lief der Motor störungsfrei und ruhig, besonders ruhig im normalen und höheren Drehzahlbereich. Bemerkenswert ist die Möglichkeit bedeutender Leistungssteigerung durch Steigerung der Drehzahl; hat der Motor doch bei n = 1330/min eine Leistung von 47 PS abgegeben. Besondere Erwähnung verdient die geringe Änderung des Drehmomentes und des speziellen Brennstoffverbrauchs innerhalb des weiten, von der Versuchsreihe erfaßten Drehzahlbereiches. ... Das Optimum des speziellen Brennstoffverbrauches (196-202 g/PSh) liegt im normalen Leistungsgebiet. Auf diese Eigenschaft gründet sich die hohe Wirtschaftlichkeit der Maschine. ... Die Maschine hat bei den Versuchen eine hochgradige Elastizität und damit eine Eigenschaft erwiesen, die für einen Schleppermotor besonders erwünscht ist; sie besitzt eine starke Leistungsreserve und kann bei Ausschalten des Reglers zu Leistungsabgaben benutzt werden, welche die Normalleistung erheblich übertreffen." (Anmerkung: Professor Kühne übertreibt nicht. Bekanntlich gibt der D 52 in seiner langen Karriere in vielen Schlepper- und Zugmaschinen ohne Probleme bis zu 60 PS ab, diese in der mittelschweren Zugmaschine SS 60, hier aber nicht mehr als Dauerleistung.)

Ingenieur Schargorodsky hat sein Meisterstück abgeliefert. Im Zylinderkopf ist neben den aus der Mitte seitlich herausgerückten Einspritzdüsen mit wassergekühlten Düsenkörpern und den Vorkammern noch Platz für die hängenden, kopfgesteu-

Primus spielt eine entscheidende Rolle bei den Dieselschleppern, sowohl im Straßenverkehr (P 11 oben) und auf dem Acker (P 22 unten)

erten Ventile, die über Kipphebel und Stoßstangen betätigt werden. Die Laufbuchsen sind nach Demontage des aus einem Stück bestehenden Zylinderkopfes auswechselbar, große Wartungsöffnungen ermöglichen den Zugang zu den Pleuellagern. Wird die aus Blech gezogene Ölwanne abgebaut (die keine tragende Funktion hat), können die Kolben nach unten herausgezogen werden. Vorn befindet sich ein Gehäuse mit schrägverzahnten Stirnrädern. Von der dreifach gelagerten Kurbelwelle werden Nockenwelle, die Welle der Einspritzpumpe und die des Reglers angetrieben. Dieser läuft mit Kurbelwellendrehzahl. Seine Welle treibt noch die Wasserpumpe an, ein Keilriemen an der Stirnseite des Motors den Ventilator und die Lichtmaschine. Die Zahnrad-Ölpumpe erhält ihren Antrieb von der Nockenwelle. Die Kolben der Einspritzpumpe haben 8 mm Durchmesser. Sie werden über Schwinghebel durch Schrägnocken betätigt. Die Änderung des Pumpenhubes je nach Belastung des Motors bewirkt ein Fliehkraftregler, der durch einen Handgashebel vom Schlepperfahrer betätigt wird. Beim Verbrennungsverfahren des D 52 handelt es sich um ein Vorkammerverfahren nach dem System Körting, bei dem auch die Vorkammern wassergekühlt sind. Der Kraftstoff wird in die Vorkammer eingespritzt, wo die Verbrennung beginnt, wodurch der noch unverbrannte Kraftstoff in den Verdichtungsraum gedrückt wird. Die hohe Strömungsgeschwindigkeit zerstäubt ihn sehr fein und vermischt ihn innig mit der Ansaugluft. Das Ergebnis ist eine außerordentlich gute Verbrennung. Auffallend sind die niedrigen anfallenden Drücke: Professor Kühne ermittelt einen Einspritzdruck von nur 80 kg/cm^3. Das Anlassen erfolgt durch Glühkerzen und Handkurbel bei dekomprimierten Zylindern. Auf Wunsch ist jedoch von Beginn an ein elektrischer Anlasser lieferbar. Kein Zweifel: die Typenbezeichnung lautet (nach einigen wenigen Exemplaren der Vorserie) offiziell RD 36. Es gibt ihn mit Eisenrädern, mit Ackerluft-Reifen und als Straßenschlepper mit Luft- oder Elastikbereifung. Mit Luftbereifung erreichen der Gelände- und der Straßenschlepper eine Höchstgeschwindigkeit im dritten Gang von 18 km/h, die Zugleistung liegt, je nach Ausführung, zwischen 22 und 30 Tonnen. Die Variantenzahl des RD 36, der bis 1936 produziert wird, ist groß und umfaßt, ähnlich wie bei Lanz, eine Fülle von Ausrüstungsmöglichkeiten je nach Einsatzzweck.

1936 erscheint, in gleicher Variantenvielfalt und äußerlich erst auf den zweiten Blick zu unterscheiden, der Nachfolgetyp AR 38 (AGR 38, SR 38/45 bis hin zum SR 45). Diese außerordentlich erfolgreichen und noch heute beeindruckenden Schlepper, die allen Anforderungen großer Landwirtschafts- und Gewerbebetriebe an hohe Zugleistung, große Zuverlässigkeit und Wirtschaftlichkeit restlos befriedigen, werden bis 1942 gebaut. Sie werden, zu diesem Zeitpunkt doch beträchtlich veraltet (vor allem das alte Dreiganggetriebe ist modernen Konstruktionen hoffnungslos unterlegen) in diesem Jahr und unmittelbar vor der politisch verordneten Zwangsumstellung auf Holzgas-Traktoren von dem vollkommen neuen Typ R 40 abgelöst, in dem ebenfalls der schon damals legendär gewordene Dieselmotor D52 arbeitet.

Noch einmal zurück ins Jahr 1931. Gleichzeitig mit dem Dieselmotor und wohl ganz kurz vor dem Radschlepper RD 32 stellt die Hanomag den ebenfalls vollkommen neuentwickelten Kettenschlepper K 35/40 vor, der die seit 1919/20 durchgehend gebauten WD-Raupen Z 25 und Z 50 ersetzt: wie der Radschlepper in Blockbauweise gehalten, mit dem Motor D 52, modernem Laufwerk mit zwei unabhängig voneinander pendelnden Kettenkästen, die unter dem Kühler durch ein gelenkig aufgehängtes Blattfederpaket abgestützt und mit vorderem Leitrad und sechs Laufrollen versehen sind, mit Portalachsen und Lenkrad-Steuerung, bei der durch Abbremsen einer Antriebswelle des Lenkdifferentials (bei gleichzeitiger Beschleunigung der anderen) gelenkt wird, haben wir hier den Hanomag-Raupenschlepper vor uns, dessen Grundkonzept bis zum Typ K 55 der fünfziger Jahre nahezu unverändert gültig bleiben wird. Die Dauerleistung wird mit 35, die Höchstleistung über eine Stunde schon mit 40 PS angegeben.

Bereits zwei Jahre darauf folgt der weiterentwickelte Typ K 50, der neben kleineren Verbesserungen erstmals einen auf 50 PS gesteigerten Motor D 52 aufweist: man hat (begründetes) Vertrauen zu dem Motor Lazar Schargorodskys gefaßt und beginnt, sein Leistungspotential auszuschöpfen. Nebenbei: Der K 50 ist der erste Hanomag-Kettenschlepper, den es werksseitig mit einer Planier-Einrichtung der Firma Menck als Planierraupe zu kaufen gibt. Ihre Bauzeit endet 1944.

Vom Raupenschlepper, nicht vom RD 36 abgeleitet, wird noch 1933 der schwere Radschlepper AR 50 und seine nach nur zwei weiteren Jahren wie üblich lange Variantenreihe GR 50, AG 50, AGR 50 und GR 50 mit Zwischengetriebe, durch das sechs Gänge

Typ	RD 36	K 35/40	K 50	AR 50	AGR 50/GR 50	AR/AGR 38	SR 45
Leistung	36	35-40	50	50	50	38	45
Drehzahl	1 100	1 300	1 300	1 300	1 300	1 100	1 300
Kupplung				Einscheiben-Trockenkupplung			
Getriebe	3 V/1 R	3 V/1 R	3 V/1 R		3 V/1 R bzw. 6 V/2 R	3 V/1 R	3 V/1 R
Länge	3 240	3 180	3 300	3 366	3 600	3 420-3 570	3 570
Breite	1 750	1 765	1 530	1 750	1 850	1 750	1 762
Höhe	1 950	1 500	2 140	2 050	1 900	1 950	1 950
Radstand	1 990			2 180		1 990	1 990
Bodenfreih.	260	280	280	250	250	260-290	
Eigengew.	2 750 -3.700	4 100	4 745	3 100	3 350 -3 800	2 750- -3 200	3 600
Höchstgew.				4 100	4 100	3 800	4 200
Vorderachsl.						1 100	1 100
Hinterachsl.						2 700	3 100
Luftber. v.				6,00-20	6,00-20		verschieden
Luftber. h.				12,75-28	12,75-28		verschieden

mit zwei Schalthebeln zur Verfügung stehen, herausgebracht. Die Hanomag ist nun, noch vor Deutz, und gleichauf mit Lanz, mit einem Programm schwerer Rad- und Raupenschlepper auf dem Markt, das in der obersten Leistungsklasse keinen Wunsch offen läßt. Stellen die Raupen, obwohl in der Landwirtschaft bis in die frühen fünfziger Jahre auf großen Gütern durchaus verbreitet, ohnehin immer ein spezielleres Segment dar, so ist der Markt für den 50 PS-Radschlepper doch kleiner. Er sieht sich in besonderem Maß der übermächtigen Konkurrenz der 45 und 55 PS-Bulldogs und, wie schon ausgeführt, ab 1935 auch des Dreizylinder-Deutz ausgesetzt. Gemessen an jenen bleibt seine Bedeutung zurück. Entsprechend selten sind heute überlebende Exemplare dieses eindrucksvollen Großschleppers. Sein gesamter Antriebsstrang von Motor über Getriebe bis zur Hinterachse in Portalbauweise stammt vom K 50, wodurch das Fahrzeug eine beachtliche Höhe erreicht. Die Vorderachskonstruktion muß entsprechend angepaßt werden, indem sie umgedreht wird und so das Federpaket zwischen Kühlerträger und Achse zu liegen kommt. Das gefederte Zugpendel ist am vorderen Getriebeblock sowie am Flansch unter dem Motorblock verankert. Neben der unübersehbaren Höhe ist der kantige, der Kontur der Motorhaube angepaßte Tank vor dem Lenkrad ein unverkennbares Unterscheidungsmerkmal zum RD 36.

Der wichtigste Hanomag-Dieselschlepper der dreißiger Jahre ist jedoch der 38er, der im Lauf des Jahres 1936 als Weiterentwicklung des RD 36 in den Varianten AR 38, AGR 38, SR 38/45 und SR 45 auf den Markt kommt. Wiederum sind die Maschinen als Ackerschlepper mit Eisen- oder Luft-, die Straßenschlepper auch mit Elastikbereifung erhältlich. Der Ackerschlepper AGR 38 besitzt ein sogenanntes Geländegetriebe mit anderer Gangabstufung, genau so, wie es auch beim 50 PS-Typ der Fall ist. Die Unterschiede zwischen den 38 und 45 PS-Schleppern liegen nahezu ausschließlich in der durch Drehzahlsteigerung erzielten Mehrleistung von 7 PS, wobei jedoch der stärkere Motor den Verkehrs- bzw. Straßenschleppern vorbehalten bleibt.

Ausnahmslos sind die schweren Hanomag-Dieselschlepper der dreißiger Jahre eindrucksvolle Erscheinungen. Auch an dieser Stelle sei eine persönliche Anmerkung erlaubt: der Autor erlebt ungefähr 1959/60 eine Dreschszene auf dem Hof des Klostergutes Corvey, bei der eine große Stahl-Lanz von einem 38er Hanomag angetrieben wird. Beide Maschinen unter Vollast – akustisch wie optisch ein unvergeßlicher Eindruck!

Der Triumph des D 52 hält an. Neben den Straßenzugmaschinen SS 55 und SS 60 (bei deren 60 PS bei 1.600 U/min die Leistungsgrenze allerdings angetastet ist) findet er, wie schon angedeutet, in dem

Radschlepper R 40 (1942-51), endlich mit Fünfgang-Getriebe und modernem Äußeren, seine gewissermaßen endgültige Bestimmung. Aber dies ist auch wieder eine andere Geschichte.

In unserem heutigen Zusammenhang müssen wir uns zunächst noch einem anderen Thema zuwenden, für das Mitte der dreißiger Jahre die Zeit reif geworden ist – nicht früher, aber länger hätte es auch nicht dauern dürfen. Ein Blick auf die hier vorgestellten Schlepperkonstruktionen zeigt auf Anhieb, daß diese für den klein- und auch noch für den mittelbäuerlichen Hof, der in Deutschland vorherrscht, nicht die Lösung seiner Mechanisierungs- und Motorisierungsfragen darstellen. Weder die Deutz-Stahlschlepper noch die Hanomag-Diesel (oder gar der Lanz Bulldog der Baureihen HR 5 und HR 6) kommen für diese Betriebe auch nur theoretisch in Betracht. Unter allen Gesichtspunkten, vom Anschaffungspreis über die Unterhalts- und Arbeitskosten bis hin zu den praktischen Einsatzbedingungen sind diese Großschlepper buchstäblich „außen vor". Mit dem in der Produktion und damit im Verkauf viel zu teuren Bulldog HN, dem 12/20er, kann auch Lanz keine Änderung der vertrackten Situation erreichen: der technisch brillante, erste Bauern-Bulldog (auch wenn er so noch nicht heißt, ist er doch in diesem Sinn gedacht) ist wirtschaftlich ein Mißerfolg.

Was sind die Ursachen für diese unbefriedigende Situation? Zwei Faktoren spielen die entscheidende Rolle, und sie sind eng miteinander verknüpft. Zum einen fehlt um 1933/34 herum noch immer die Ackerluftbereifung, die den Schlepper, gleich welcher Größenordnung, erst für alle Aufgaben einschließlich der Transportarbeiten auf der Straße zum universellen Nutzfahrzeug macht. Die Ausrüstung eines Schleppers mit Eisenrädern beschränkt seinen wirksamen Einsatz auf ganz bestimmte Bodenverhältnisse und Arbeiten. Alle möglichen Rad- und Greifer-Konstruktionen sind nur mehr oder weniger gute Kompromisse. Die ersten, ab 1933 von vorausblickenden Landtechnikern aus Forschung und Industrie (Professor Preuschen/Kaiser-Wilhelm-Institut für Landarbeit, Helmut Meyer, der „Schlepper-Meyer" vom Schlepper-Prüffeld Bornim, Dr. Ehlers/Lanz und Dr. Koenecke/Continental) zu Prüfzwecken aus Amerika importierten Ackerluftreifen erfüllen noch nicht alle Anforderungen der Praktiker. Aber bei Continental wird in enger Zusammenarbeit mit Lanz

Die Konkurrenz aus Nordhausen am Harz fährt MWM: Normag NG 22 ...

der erste, mit dem charakteristischen Wellenprofil versehene Lufreifen für die Antriebsräder eines Ackerschleppers in den Dimensionen 12,75-28 und 11,25-24 entwickelt, mit dem Zugkraft und Arbeitsgeschwindigkeit um bis zu 30 Prozent ansteigen. Für annähernd dreißig Jahre lang wird dieser Reifen die gängige Größe für mittlere und schwere Ackerschlepper bleiben. Noch immer aber fehlt ein Reifen für kleinere, eben für Bauernschlepper. Er kommt im Jahr 1936 in der Dimension 8,00-20, und mit ihm kommt der schnelllaufende, leistungsfähige, wirtschaftliche und vor allem auch leichtere Dieselmotor für diese Schlepper-Kategorie, mit der in der zweiten Hälfte des Jahrzehnts die Motorisierung der Bauernhöfe beginnt.

Damit kehren wir an den Anfang unseres historischen Überblicks über den Siegeszug des Dieselschleppers zurück: zu Deutz. Der „Elfer Deutz" mit dem neuentwickelten Einzylinder-Vorkammer Motor F1M414 wird in die Geschichte eingehen wie kaum ein anderer, die Gattung Lanz Bulldog als Ganzes gesehen vielleicht ausgenommen. Nach dem Vorbild seiner großen Brüder, der Stahlschlepper, ist auch er in rahmenloser Blockbauweise gehalten. Sein Getriebegehäuse ist jedoch keine aus gezogenem Blech geschweißte Konstruktion, sondern es besteht aus zwei senkrecht geteilten Halbschalen aus Gußstahl. Die Kurbelwelle ist rollengelagert, die Zylinder-Laufbuchse natürlich auswechselbar, der Kolben besteht aus Leichtmetall. Die Deutz-Einspritzpumpe hat wieder das charakteristische, sechseckige Gehäuse, auch der Regler stammt von Deutz selbst. Zuverlässig versorgt die Druckumlaufschmierung alle Schmierstellen mit Öl. Hervorzuheben ist der geringe Kraftstoffverbrauch von nur 215 g/PSh. Angeworfen wird der Motor mittels Glimmpapier und Handkurbel. Gegen Aufpreis gibt es allerdings auch Glühkerze, Batterie, elektrischen Anlasser und elektrische Beleuchtung – serienmäßig wird der Elfer mit zwei Sturmlaternen ausgeliefert. Eine trockene Einscheiben-Kupplung überträgt die Kraft des Motors auf das Getriebe (3 V/1 R; maximal 7,7 km/h), es gibt Zapfwelle, Riemenscheiben- und Mähwerksantrieb. Die geringe Geschwindigkeit macht eine Fußbremse überflüssig. In dem schon beim 28 PS-Stahlschlepper zitierten Briefwechsel des Hildesheimer Generalvertreters Jahns wird der auch offiziell als Bauernschlepper bezeichnete F1M414 im November 1937 für 3 250 Reichsmark angeboten – in der einfachsten Grundausrüstung. Aufpreise werden zum Beispiel für Mähbalken (275 RM), zwei Greiferkränze für die Hinterräder (130 RM), elektrische Lichtanlage (150 RM) und die Zapfwelle (85 RM) verlangt. Wie der 28er, so trifft auch der Elfer aufs Haar genau die Bedürfnisse der Landwirtschaft. Weder Lanz noch Hanomag haben im Jahr 1936 etwas Entsprechendes im Angebot. Bis 1942 werden 10 034 Exemplare verkauft, nach dem Krieg, von 1945-50, noch einmal 8 990 weitere, nun mit 12 PS, Viergang-Getriebe, Fußbremse, Fußgas und serienmäßiger elektrischer Anlage.

Typ	F1M414
Baujahre	1936-51
Bohrung (mm)	100
Hub (mm)	140
Hubraum (cm³)	1.100
Leistung (PS)	11 bzw. 12
Drehzahl (U/min)	1.550
Verdichtung	22:1
Kupplung	F & S
Getriebe	Deutz
Länge (mm)	2.280
Breite (mm)	1.535
Radstand (mm)	1.430
Bodenfreiheit (mm)	240
Gewicht (kg)	1.180
Bereifung (vorn)	5,25-16
Bereifung (hinten)	8,00-20

Interessanterweise verkauft Deutz, eigentlich ja immer in erster Linie eine Motorenfabrik, den kleinen Einzylinder auch an andere Schlepper-Hersteller, im Gegensatz zu den Motoren der Stahlschlepper-Baureihe. So gibt es den 11 PS-Typ von Lanz-Aulendorf (Hela), der seinem Vorbild sogar einen vierten Vorwärtsgang voraus hat, und im „Pony" der Berliner Primus-Traktoren-Gesellschaft von Johannes Köhler, dem Typ P 11, der von Anfang an im oberbayerischen Zweigwerk des Unternehmens in Miesbach gebaut wird, ist der Deutz-Motor F1M414 mit einem Viergang-Getriebe der Berliner Getriebefabrik Prometheus verblockt.

Keinesfalls darf bei unserem historischen Überblick über den endgültigen Siegeszug des Dieselmotors im Schlepperbau die Kategorie jener leichten Schlepper vergessen werden, die, vor allem in Süd- und Südwestdeutschland, entscheidend zur Motorisierung der bäuerlichen Betriebe mit relativ großen Grünlandanteilen beigetragen haben: die Maschinen,

... und wird damit Klassensieger bei den 22 PS-Einheitsschleppern

die aus selbstfahrenden Mähmaschinen hervorgegangen sind. Der Autor hat sie im „Jahrbuch Traktoren 2003" sehr eingehend behandelt, so daß sich eine detaillierte Darstellung an dieser Stelle erübrigt. Nur die wichtigsten Konstruktionen dieser Schlepper-Bauart seien kurz erwähnt: Das berühmte Dieselroß von Fendt, das ab 1931 mit verdampfungsgekühlten Deutz-Motoren mit den Typen F 9, F 12 und, krönender Abschluß der Reihe, mit dem kernigen F 18 ab 1937 gebaut wird. Die liegenden Einzylinder-Motoren sind auf kräftigen Rahmen montiert, beim F 18 ist es der Deutz MAH 716, der 16 PS leistet, die über eine Einscheiben-Kupplung an das Getriebe übertragen werden. Der Antrieb erfolgt über eine starke Rollenkette. Fendt führt beim F 18 eine revolutionäre Neuerung ein, die erste fahrunabhängige, lastschaltbare Zapfwelle, also eine echte Motorzapfwelle. Die Produktion dieses Schleppers wird nach Kriegsende noch einmal aufgenommen. Von 1937-1949 werden insgesamt 3 212 Exemplare des F 18 gebaut.

Der zweite Hauptvertreter dieser Kleinschlepper ist der legendäre Allesschaffer von Kramer, der in den Modellen GL 9, GL 14 (1933-36), K 12 und K 18 (1936-42) und K 18/M (1948-49) in vielen Variationen hergestellt wird. Hier finden überwiegend Güldner-Motoren Verwendung, die nach dem „Lanova-Luftspeicherverfahren" (GL) arbeiten, das für Güldner-Dieselmotoren für lange Zeit typisch bleibt. Die Leistung beträgt, je nach Motor-Typ, 10-16 PS, die Einspritzpumpen stammen vom Hersteller Natter. Der Antrieb der äußerst populären „kleinen Kramer" erfolgt durch Rollenkette, es gibt Hand- und Fußbremse, Differentialsperre, die Getriebe stammen zunächst von Prometheus in Berlin. Aber 1937 geht man zum Einbau von ZF-Triebwerken über. Güldner stellt auf das Wirbelkammerverfahren um, nennt die-

1940 kommt der spartanische NG 10 mit dem Deutz-Motor hinzu, er ist gewissermaßen eine Sparversion

Der Siegeszug des Dieselmotors im Schlepperbau **25**

Frühere Version der LHW-Raupe „Boxer"

ses jedoch, abweichend vom allgemeinen Sprachgebrauch, „Wälzkammerverfahren". Verbunden damit ist eine Leistungssteigerung der Motoren, so leistet der GW 20 im stärksten Allesschaffer nun 18 PS. Allerdings geht Kramer nach nur 248 Exemplaren dazu über, die Deutz-Motoren MAH 514 und 516 zu verwenden, deren Leistung 11 beziehungsweise 16 PS beträgt. Schon ab 1937 werden die Prometheus-Getriebe durch solche von ZF ersetzt. Die Kramer-Kleinschlepper sind zuverlässig, sparsam, universell einsetzbar und äußerst robust, und der Erfolg bleibt nicht aus. Bis 1939 werden über 10 000 Exemplare verkauft. Ihr Verbreitungsgebiet ist längst nicht mehr auf den Süden und Südwesten beschränkt. Im Jahr 1939 kostet ein K 18 3 600 Reichsmark, für den 20 PS Ackerluft-Bulldog D 3506 werden, ohne jegliches Zubehör, 4 150 Reichsmark aufgerufen. Obwohl der schon erwähnte Schell-Plan nicht ganz konsequent umgesetzt wird, ist das Ende für den Allesschaffer 1939 gekommen: der 22 PS-Einheitstyp ist nicht aufzuhalten. Jedoch wie schon das Dieselroß des Konkurrenten Fendt, wird auch der Allesschaffer von 1949-50 noch einmal weitergebaut.

Weiter oben lautete das Stichwort bereits: Motorenfabrik Deutz. Parallel zu der Entwicklung moderner Motoren für die eigene Schlepper-Produktion geht man in Köln in der ersten Hälfte der dreißiger Jahre an die Konstruktion eines weiteren, kleineren Motors, der offenbar von Anfang an als Einbaumotor für andere Hersteller gedacht ist. Aus dieser Produktionslinie wird ein Aggregat hervorgehen, das, ähnlich dem Elfer, eine ungeheure Popularität und Verbreitung erreicht und das den Siegeszug des Dieselmotors in der Landwirtschaft ganz entscheidend vorantreibt.

Es ist zunächst die 313er Baureihe, mit der man in Erscheinung tritt. Ein- und Zweizylinder- Vorkammerdiesel, von denen vor allem der F2M313 wichtig wird. Die Deutz-Einspritzpumpe weist noch nicht das später so charakteristische, sechseckige Gehäuse auf. Der Schneidenregler stammt, wie immer, ebenfalls von Deutz, eine Wasserpumpe sorgt, windflügelunterstützt, für die Kühlung des umlaufenden Wassers. Das Anwerfen erfolgt, je nach Schlepper-Typ, mit Glimmpapier oder Glühkerzen und Handkurbel. In der berühmten, leider nie veröffentlichten Kleinschlepper-Prüfung des RKTL aus den Jahren 1937/38 wird unter anderem der Zettelmeyer-Ackerschlepper Z 1 mit dem F2M313 sorgfältig untersucht. Bei ihm ergibt sich bei einer Drehzahl von 1.238 U/min eine Höchstleistung über 2 min von 16,1 PS.

Mit diesem Motor erscheinen bereits im Jahr 1935, also noch vor dem ersten Auftritt des „Elfer"-Deutz, mehrere Bauernschlepper einer neuen, künftig bestimmenden Leistungsklasse um 20 PS, von denen einige mit eigenem Drei- oder Vierganggetriebe (20 PS Stock Dieselschlepper, Hela D 37, Zettelmeyer Z 1), andere mit solchen der Berliner Getriebefabrik Prometheus (Eicher 20 PS) ausgerüstet sind. Stets ist der Motor mit dem jeweiligen Getriebe in rahmenloser Blockbauweise verbunden. Alle diese Typen, mit denen eine Weichenstellung vorgenommen wird, sind natürlich mit der nun verfügbaren Ackerluft-Bereifung 8,00-20 ausgestattet.

Das Konzept dieser neuen Schlepper-Kategorie weist in eine von politischen Vorgaben der nationalsozialistischen Regierung bestimmte Richtung. Es soll in dieser Leistungsklasse der „unbegrenzte Typenwirrwarr" nach dem Plan des Oberst von Schell aus wirtschaftlichen Gründen (hinter denen natürlich die massiven Kriegsvorbereitungen der Industrie stehen) begrenzt werden. Wie in allen Fahrzeugkategorien, so wird der Schell-Plan auch in diesem Sektor nicht so schnell und konsequent umgesetzt, wie es politisch beabsichtigt ist, aber ab Mitte 1939 greift er dann doch. Seine größte Bedeutung erhält er bei der bald auf die Entwicklung des Einheits-Dieselschleppers folgenden Umstellung auf Holzgas-Schlepper. Deutz wird den F2M313 in den nächsten zwei Jahren sehr gründlich überarbeiten, und ab 1938 steht den Herstellern, die nach der Typenbegrenzung weiterhin als Schlepper-Produzenten tätig sein dürfen, der Typ F2M414 zur Verfügung, gewissermaßen ein „Doppel-Elfer", bei dem der Einzylinder die konstruktive Grundlage darstellt.

Der Vorkammer-Diesel F2M414 gilt zu Recht als Klassiker, und dies im Grunde schon in der Zeit, aus der er stammt. Von zwanzig Bauernschleppern in Blockbauweise, die leistungsmäßig über dem Elfer Deutz und unter dem 25 PS-Bulldog rangieren, sind allein zwölf mit ihm ausgestattet: Eicher, Epple-Buxbaum Aquila, Fahr F/T 22, Fendt F 22, Hela, Kramer K 22, Martin, Normag (NG 10), Primus P 22, Ritscher N 20, Stock-Bauernschlepper, Zettelmeyer Z1. Seine Produktionszeit reicht von 1938, unterbrochen von den Kriegsjahren ab 1942 und schon 1946 wieder aufgenommen, bis 1954/55. In den Nachkriegsjahren wird die Motorleistung des F2M414 irgendwann auf 25 PS angehoben, worunter allerdings die sprichwörtlich gewordene Robustheit zu leiden beginnt. Gleichwohl ist dieser Motor nicht ohne

Typ	Zettelmeyer Z 1	Fahr F 22 / T 22	Fendt F 22	Primus P 22	Normag NG 22
Baujahre	1935-42	1938-42	1938-48	1938-42	1936-42
Motor	F2M313/414	F2M414	F2M414	F2M414	KD 15 Z
Hub	100	100	100	100	95
Bohrung	130/140	140	140	140	150
Hubraum	2 040/2.198	2 198	2 198	2 198	2 125
Leistung	20 / 22	22	22	22	22
Max. Drehm. (mkg/U/min)		12,1/1.200	12,1/1.200		10,5/1.500
Nenndrehzahl	1 500	1 500	1 500	1 500	1 500
Verdichtung	20:1 / 22:1	22:1	22:1	22:1	14:1
Kupplung	F & S	F & S	F & S	F & S K 16	F & S
Getriebe	Zettelmeyer (4 V/1 R)	Fahr (4 V/1 R)	Prometheus Ass 14 (4/1)	Prometheus Ass 14 (4/1)	ZF A 12 (4 V/1 R)
Länge (mm)	2 700	3 000	2 640	2 600	2 700
Breite (mm)	1 400	1 711	1 550	1 550	1 500
Radstand	1 700	1 700	1 700	1 650	1 570
Bodenfreiheit	270	290	350	330	230
Eigengewicht	1 500	1 820	1 555	1 600	
Bereifung v.	6,00-16	5,25-16	5,25-16	5,25-16	5,25-16
Bereifung h.	8,00-20	9,00-24	8,00-20 o. 9,00-24	8,00-20	8,00-20

Typ	Fendt F 18	Kramer GL 14	Kramer K 12	Kramer K 18/K 18 M
Baujahre	1937-42	1933-36	1938-39	1936-38
Motor	Deutz MAH 716	Güldner GL 14	Güldner GW 14	Güldner GL 16
Bohrung (mm)	120	120	105	120
Hub (mm)	160	145	130	145
Hubraum (cm^3)	1 810	1 639	1 125	1 639
Leistung (PS)	16	14	14	16
Nenndrehzahl (U/min)	1 400	1 500	1 500	1 500
Verdichtung	24:1	13,5:1	18:1	13,5:1
Kupplung	F & S K 12 V	F & S	F & S K 12	F & S K 16
Getriebe	ZF K 30 BO (4 V/1 R)	Prometheus AGN 8 (4 V/1R)	Prometheus AG 8 Sp (4 V/1R)	Prometheus AGN 8 ab 1937 ZF K 30 D (4 V/1R)
Länge (mm)	2 600	2 400	2 700	2 820
Breite (mm)	1 500	1 300	1 450	1 450
Radstand (mm)	1 700		1 800	1 800
Bodenfreiheit	280		225	250
Eigengew. (kg)	1 500	1 300	1 450	1 650
Bereifung vorn	5,00-16	4,50-17	5,25-16	5,50-16
Bereifung hinten	8,00-20	6,00-20	8,00-20	8,00-20

Konkurrenz. Im Gegenteil: Schon früher, ab 1936, ist die MWM mit ihrem Motor KD 15 Z zur Stelle. Die Baureihe, die nach 1945 zu den Typen KD 415 (von 1-3 Zylinder) und zur Wirbelkammer-Ausführung KDW weiterentwickelt wird, stellt hervorragende Motoren dar, die sich hinter dem stückzahlmäßig führenden F2M414 in keiner Beziehung zu verstecken brauchen. Der KD 15 Z wird von MIAG (LD 20), Normag (NG 22), wiederum Kramer K 22 und Wahl (die beiden letzteren in nur kleiner Stückzahl) in der Klasse der Einheitsschlepper verwendet. Der klassische Vorkammer-Diesel verfügt über auswechselbare Laufbuchsen, Umlaufkühlung mit Wasserpumpe und Ventilator und Druck-Umlaufschmierung. Die Einspritzpumpe mit Bosch-Düsen ist eine von der Firma Deckel gebaute Eigenkonstruktion der MWM, ebenso der Fliehkraftregler. Diese 22 PS-Schlepper stammen sämtlich von erfahrenen Herstellern, die das Ohr dicht an der landwirtschaftlichen Praxis haben. Sie erfüllen alle Anforderungen und sind mit ihren Weiterentwicklungen bis weit in die fünfziger Jahre die wichtigste Schlepper-Kategorie in der Bundesrepublik. Der Vergleich dieser Modelle mit den ab 1942 durch politischen Zwang durchgesetzten 25 PS-Einheits-Holzgasschleppern zeigt mit drastischer Deutlichkeit, wie groß der technische Rückschritt der Holzgas-Technik ist. Die Umstellung auf diese ist auch für die Hersteller, die in den rund fünf Jahren zuvor hohe Investitionen in die Entwicklung des Dieselschleppers vorgenommen haben, nur schwer zu verkraften, und in der Praxis müssen enorme Abstriche an der Leistung gemacht werden.

Sehen wir uns einige typische Vertreter dieser Schlepper näher an. Der Fahr F 22/T 22 (die Typenbezeichnung muß geändert werden, weil der Konkurrent Fendt sie früher verwendet), ab 1938 in Serie gebaut, stammt aus einer der führenden Landmaschinenfabriken Europas. In Gottmadingen wissen die Techniker wirklich, worauf es ankommt. Mit dem Fahr-Fünfganggetriebe, serienmäßiger, mittig angeordneter Zapfwelle, Mähwerksantrieb, Differentialsperre, Lenkbremsen, langem Radstand, mit großer Bodenfreiheit, aber niedrigem Schwerpunkt bringt es der Fahr in allen Varianten auf 1 659 Exemplare, bis er vom Holzgas-Typ HG 25 abgelöst wird. Der Fendt F22 kommt im gleichen Jahr heraus. Nachdem die Marke mit ihren Rahmenschleppern bereits den schnell populär gewordenen Namen Dieselroß eingeführt hat, überträgt sie diesen natürlich auf den neuen, in Blockbauweise gehaltenen Typ.

Die berühmte schwere Famo-Raupe Rübezahl (oben), der Famo Boxer (Mitte) und der seltene, ab 1935 gebaute Radschlepper XL (unten)

Der Siegeszug des Dieselmotors im Schlepperbau

Es ist allerdings nicht mit völliger Sicherheit auszumachen, wer der eigentliche Urheber des F 22 ist. In dem Marktoberdorf benachbarten Ort Ottobeuren ist die Maschinenfabrik Martin zu Hause, die sich ebenfalls schon mit einem Rahmenschlepper als Traktoren-Hersteller ausgewiesen hat. Es gibt auch hier einen 22 PS-Einheitsschlepper, der nur am Schriftzug vom Fendt F 22 zu unterscheiden ist. Wahrscheinlich arbeiten beide Hersteller hier eng zusammen, und Fendt hat die größere Fertigungskapazität. Der Deutz-Motor wird mit dem Viergang-getriebe Ass 14 von Prometheus verblockt, Einzelrad-Lenkbremsen hat dieser Schlepper nicht aufzuweisen, aber natürlich die von Fendt patentierte, fahrunabhängige und lastschaltbare Zapfwelle. Von 1940-42 verwendet Fendt das ZF-Getriebe A 12 im Typ F 22 Z. Der F 22 kostet 1938 4 290 RM, der F 22 Z im Kriegsjahr 1940 5 320 RM. Von beiden Modellen zusammen werden 2 707 Exemplare gebaut, davon einige wenige noch bis 1948.

Noch immer wird im Jahr 1938 Schlepper-Geschichte auch in Berlin geschrieben. Seit Jahren mit leichten, vollkarossierten Straßenschleppern der Typen P 11 bis P 30, mit im Heck eingebauten Deutz-Dieselmotoren führend in dieser Fahrzeug-Kategorie, stellt die Primus Traktoren-Gesellschaft von Johannes Köhler ihren ersten Ackerschlepper vor, den P 22. Wieder ist der Deutz F2M414 die Kraftquelle (Köhler ist zu diesem Zeitpunkt seit Jahren Deutz-Gebiets-vertreter für Berlin und Brandenburg), verblockt mit dem Prometheus Ass 14. An dessen Entwicklung hat er wesentlichen Anteil: dieses Getriebe ist die Grundlage für das Einheitstriebwerk, dessen Produktion in großer Stückzahl dann von ZF und auch Hurth übernommen wird. Der Motor wird mit Glühkerzen und Handkurbel angelassen. Die Rohrvorderachse, ein Primus-Patent, ist sicher gegen das Eindringen von Wasser und Schmutz gekapselt. Riemenscheibe, Zapfwelle und Mähwerk stehen in der Zubehörliste, eine Differentialsperre hingegen geht schon nach kurzer Produktionszeit in die Serienausstattung ein. Mit seiner außerordentlich modernen formalen Gestaltung prägt der Primus P 22 für zwei Jahrzehnte das Gesicht nicht nur seiner Leistungsklasse: man denke an die Fendt-Typen der Nachkriegszeit, die Allgaier-Porsche oder auch an die „runden" Hanomag der späten fünfziger Jahre. Mit der Summe seiner Merkmale und Vorzüge stellt er gewissermaßen den Prototyp der gesamten Fahrzeugkategorie dar. Deren wichtigster Vertreter, der nicht mit dem beherrschenden Deutz F2M414, sondern mit dem konkurrierenden MWM-Aggregat KD 15 Z ausgerüstet ist, ist der Normag NG 22, der bereits zwei Jahre früher, 1936, auf der „Reichsnährstands-Ausstellung" steht und dessen erstes Exemplar vom Messestand weg verkauft wird: ein ungeahnter, aber triumphaler Erfolg seines legendären Konstrukteurs Erwin Peuker. Als die Wettbewerber ab 1938 auf den Plan treten, sind bereits über 1 000 Normag im Einsatz. Die trockene Einscheiben-Kupplung überträgt die Kraft des Motors auf ein Viergang-Getriebe eigener Fertigung, es gibt auch das ZF-Triebwerk bei einigen NG 22. Serienmäßig sind die gefederte Vorderachse und die charakteristische Doppelsitzbank mit ihrem Stahlrohr-Rahmen. Mit vorderen Kotflügeln, elektrischem Anlasser, hinteren Radgewichten, Allwetter-Verdeck

Da war der Dieselmotor schon durchgesetzt: O&K SA 751

Beginn einer neuen Ära: 1942 erscheint der Hanomag R40

Typ	Rübezahl	Boxer	XL
Motor	4F175	4F145	4F145
Bohrung (mm)	125	105	105
Hub (mm)	175	145	145
Hubraum (cm^3)	8.596	5.024	5.024
Leistung (PS)	60 – 65	42 – 45	42 – 45
Nenndrehzahl	1.150	1.250	1.250
Max. Drehmoment	37 mkg/ 1.150 U/min	24 mkg/ 1.250 U/min	24 mkg/ 1.250 U/min
Verdichtung	17:1	18:1	18:1
Kupplung	Einscheiben-Trocken	Einscheiben-Trocken	Einscheiben-Trocken
Getriebe	Famo (3 V/1 R)	Famo (3 V/1 R)	Famo (5 V/1 R)
Länge (mm)	3.300	3.020	3.350
Breite (mm)	1.545	1.545	1.680
Radstand (mm)			2.800
Bodenfreiheit (mm)	290	330	240
Eigengewicht (kg)	4.700	3.700	3.510
Bereifung vorn			7,00-20
Bereifung hinten			12,75-28

und sogar mit festem Fahrerhaus kann der Normag zum vollwertigen Straßenschlepper aufgerüstet werden. Laut Statistik, die die Normag-Spezialisten Elisabeth und Uwe Siemer erarbeitet haben, sind von diesem Schlepper zwischen 1936 und 1942 4 962 Exemplare gebaut worden, womit dem kernigen Nordhäuser die Spitzenposition in der 22 PS Einheitsklasse gebührt. Hinzu kommen noch 413 Exemplare des einfacheren, mit Deutz-Motor und ZF-Getriebe ab 1940 ausgelieferten Typs NG 10, der auf Grund seiner geringen Stückzahl heute zu den großen Raritäten der Szene gehört.

Auch der NG 22 nimmt an der Kleinschlepper-Prüfung des RKTL teil. Der hierzu angelieferte Schlepper kostet 1937, ausgerüstet mit elektrischer Lichtanlage, Zapfwelle, Riemenscheibe, Glühkerzen und Zusatzgreifern 4 758,40 Reichsmark. Im Prüfbericht heißt es: „Da der Schlepper sehr spät zur Prüfung angeliefert worden ist, konnten mit ihm nicht genügend Betriebsstunden in der Landwirtschaft erzielt werden … Wegen der kurzen Betriebszeit … konnten die Benutzer kein Urteil abgeben. Allgemein wurde gesagt, daß der Normag-Schlepper in der Bedienung einfach und bequem sei. Nachteiliges ist nicht festgestellt worden".

Auf den großen Gütern im Osten Deutschlands mit ihren riesigen Flächen und nahezu immer hochwertigen, schweren Böden spielen vor 1945 Kettenschlepper eine wichtige Rolle. Auch bei ihnen setzt sich der Dieselmotor, wir haben es bereits bei der Hanomag gesehen, Mitte der dreißiger Jahre unwiderruflich durch.

Legendär sind die Raupenschlepper der in Breslau ansässigen Linke-Hofmann-Busch (LHB), ab 1935 als Famo (Fahrzeug- und Motorenwerke) aus diesem Unternehmen aus- und in den Junkers-Konzern eingegliedert. Die nach ihrem Konstrukteur Paul Friedrich Stumpf genannte Stumpf-Raupe wird als Rübezahl weithin bekannt als Schlepper höchster Güte und Leistungsfähigkeit. Bereits 1931 erhält die Rübezahl-Raupe einen Vierzylinder-Dieselmotor eigener Bauart, dessen Leistung 50 PS beträgt und der über einen elektrischen Anlasser verfügt. Um 1933/34 wird ihr eine kleinere Maschine, die Boxer, zur Seite gestellt.

Die Diesel-Motoren eigener Bauart sind bis heute von unübersehbaren Fragezeichen umgeben. Schon 1926, als LHB den Bau der Raupenschlepper aufnimmt, bedient man sich in Breslau der Erzeugnisse der Motorenfabrik Heinrich Kämper. Die Dieselmotoren, die von nun an zum Einbau gelangen, sind kaum von denen dieses renommierten Berliner

Herstellers zu unterscheiden. Dies gilt in besonderem Maß für die ausgeklügelte Benzin-Anlaßvorrichtung, die sich vollkommen von derjenigen unterscheidet, die die Hanomag für ihren Motor D 52 entwickelt und die in dieser Ausführung einmalig bleibt. Bis heute ist nicht klar, ob man bei LHB/Famo Kämper-Motoren in Lizenz übernimmt oder ob es sich bei den Raupen-Motoren um solche aus dem umfangreichen Bauprogramm der LHB handelt.

Der Famo-Zylinderkopf weist zusätzliche Brennräume auf, die eine für Benzinbetrieb erforderliche, niedrigere Verdichtung ermöglichen. Die Zündung des Benzin-Luft-Gemisches, das in einem Solex-Vergaser erzeugt wird, erfolgt durch Bosch-Zündmagnet und -Zündkerzen. Die Vergasereinstellung ist so gewählt, daß der Motor gerade schnell genug läuft, um beim Umstellen auf Dieselkraftstoff „anzuspringen". Dieses Umstellen erfolgt durch federbelastete Ventile, die die zusätzlichen Brennräume verschließen, mittels eines schlüsselartigen, abnehmbaren Handhebels. Vorteil dieser Ausführung ist, daß ein sehr gutes, zündfähiges Gemisch an der Zündkerze vorhanden ist. Ihr Nachteil besteht in dem relativ komplizierten Aufbau der Anlage. Die Einspritzanlage stammt komplett von Bosch, die Kurbelwelle ist dreifach gelagert, die Zylinder sind in einem Block gegossen, Laufbuchsen und Kolben bestehen aus Grauguß, die Ventile hängen im Zylinderkopf, der Nockenwellenantrieb erfolgt über schrägverzahnte Stirnräder. Besonderes Merkmal der LHB-Famo-Raupen ist ihr Lenksystem. Das nach dem Vorbild der amerikanischen Cletrac-Raupenschlepper ausgebildete Doppel-Differential-Lenkgetriebe arbeitet in der Weise, daß durch ein Lenkrad die Kettenantriebswellen im Getriebe abgebremst werden. Die Konstruktion der Laufwerke und ihrer Anbringung an dem in Blockbauweise ausgeführten Fahrzeugrumpf ermöglicht darüberhinaus ihre optimale Anpassung an sämtliche Geländeverhältnisse. Schon 1935 wird auch die Produktion eines schweren Radschleppers aufgenommen, der die Typenbezeichnung XL erhält und der den gleichen, 42 PS leistenden Motor wie die „Boxer-Raupe" aufweist.

Die Famo Ketten- und Radschlepper sind Maschinen für landwirtschaftliche Großbetriebe (es gibt auch einen Straßenschlepper sowie Famo-Planierraupen), die vor allem in den deutschen Ostgebieten vorherrschen. Ihre erreichte Gesamtstückzahl dürfte nicht allzu groß sein (sie stellen auch nicht das Hauptsegment im Programm ihrer Hersteller dar), jedoch gehören sie in ihrer herausragenden Qualität zu den Spitzenerzeugnissen des deutschen Schlepperbaus. Nehmen wir die hauptsächliche Produktionszeit mit den technisch so interessanten Dieselmotoren, also die Jahre 1935-42, so gehören sie zu denen, die den Dieselmotor im Schlepper entscheidend vorangebracht haben. Schon gleich nach seinem ersten Erscheinen, 1935 oder 1936, erhält der Radschlepper die Silberne Preismünze – bis heute die höchste Auszeichnung der DLG.

Gegen Ende der dreißiger Jahre kommen noch einige sehr bemerkenswerte Schlepper in den größeren Leistungsbereichen hinzu, so etwa der bereits kurz angedeutete Hanomag R 40, im Jahr 1942 oder, schon 1938, der 28 PS-Schlepper von Orenstein & Koppel, Typ SA 751, einer Traditionsmarke des deutschen Maschinenbaus, die unter den Nationalsozialisten bald darauf „arisiert" und in das nichtssagende Kürzel MBA gezwängt wird. Sein technisch hochinteressantes Verbrennungsverfahren unterscheidet ihn von allen anderen – aber dies ist eine andere Geschichte, die mein Freund Michael Bruse in der Zeitschrift „Schlepper-Post" eingehend dargestellt hat. Auch der ausgezeichnete Ackerschlepper MAN AS 250, mit dem der renommierte Nutzfahrzeug-Hersteller in diesem Markt Fuß fassen will, gehört hier erwähnt: er fällt einer wirtschaftspolitischen Intrige, so muß man es wohl nennen, zum Opfer, erscheint nicht mehr rechtzeitig vor Kriegsausbruch und wird so um den verdienten Erfolg gebracht. Dieses Thema hat vor einiger Zeit Dr. Manfred Kauertz, ebenfalls in der „Schlepper-Post", detailliert dargestellt.

Alle diese Schlepper gehören aber nicht zu unserem engeren Thema. Als sie herauskommen, ist der Dieselmotor aus dem Schlepper nicht mehr wegzudenken. Sein einziger Konkurrent ist der Glühkopfmotor von Lanz. Aber dieser Konkurrent hat es in sich, sein Vorsprung ist zunächst uneinholbar. Allerdings werden die nationalsozialistischen Kriegstreiber beiden spätestens ab 1942 den Garaus machen. Sie ersetzen ihn durch den Holzgas-Schlepper. Der Diesel erlebt sein triumphales Comeback unmittelbar nach Kriegsende: nahezu jeder Holzgaser, den die Zerstörung übrig gelassen hat, wird so schnell wie irgend möglich auf Dieselbetrieb umgerüstet. Und mit dem Glühkopfmotor ist spätestens in der ersten Hälfte der fünfziger Jahre kein Geschäft mehr zu machen. Eine solche Geschichte darf wohl Siegeszug genannt werden.

Motorpflüge und Dieselschlepper von Stock

von Michael Folkers

Lanz, Hanomag, Fendt und Deutz, um nur einige zu nennen, sind Begriffe, mit denen der Landmaschinenfreund heute noch etwas anfangen kann. Doch wer erinnert sich noch an die Landmaschinenfirma Robert Stock? Vermutlich nur die Älteren unter uns.

Robert Stock, der am 4. April 1858 in Hagenow/Mecklenburg geboren wurde, legte im Jahr 1887 den Grundstein zu seiner Maschinenfabrik. Alles hier aufzuzählen, würde den Rahmen sprengen, beschränken wir uns auf die Motorpflüge und Dieselschlepper. Anzumerken ist noch, dass Robert Stock, sozusagen auf der Höhe seiner Schaffenskraft, im Alter von nur 54 Jahren an einem tückischen Leiden starb. Sein Mitarbeiter Gleiche führte die Entwicklungsarbeiten und Ideen des Firmengründers weiter.

In der Landwirtschaft gab es damals die schwerfälligen Zweimaschinen-Dampfseilpflüge und auch die ersten wenig wendigen und schwer zu lenkenden Ackerschlepper amerikanischer Herkunft, die mit den angehängten Pflügen ein breites Vorgewende benötigten. Robert Stock kam auf den Gedanken, dem damaligen ersten Motorschlepper, den es nur in wenigen Exemplaren gab, die stark belastete und schwer lenkbare Vorderachse unter dem Motor einfach wegzunehmen und die hinter dem Motor liegende starr verbundene Triebachse mit dem Pflugtragrahmen

Der große Stock, 50/60 PS, aus Berlin: „Die beste Kapitalanlage des sparsamen Landwirts" (aus einem Prospekt)

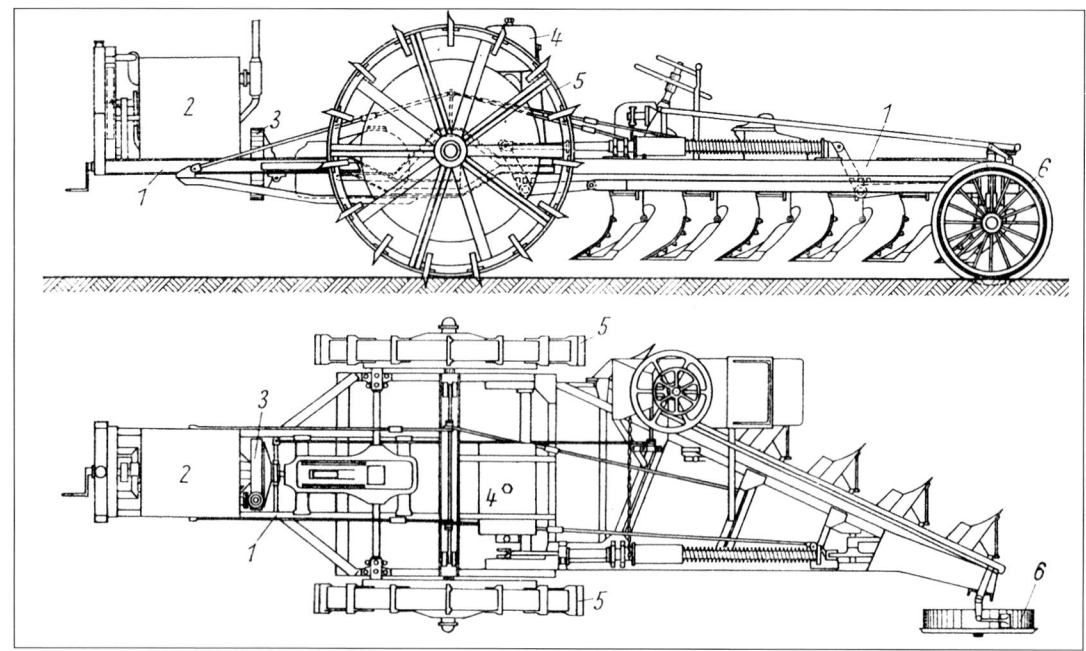

Stock Motortragpflug von 1910: 1 = Fahrgestell und Pflugrahmen; 2 = kopflastig eingebauter Ottomotor; 3 = Konuskupplung; 4 = Kraftstoffbehälter; 5 = überhohes Treibradpaar; 6 = lenkbares Heckstützrad

fest zu verbinden. Der weit vorn überhängende Motor war durch den ausbalancierten Pflugtragrahmen mit Stützrad hinter den Pflugscharen auf dem Ackerboden abgestützt und auch vom Fahrer nun leichter zu lenken. Stock baute nach diesem Erfolg in Berlin-Oberschöneweide eine Maschinenfabrik, in der ab 1912 Motortragpflüge mit Leistungen von 48 bis 80 PS entstanden. Als Robert Stock 1912 starb, hinterließ er ein Unternehmen, das bereits 360 Motorpflüge verkauft hatte. Schauen wir uns mal die typischen Eigenschaften der Stock-Motorpflüge an:

n sperrbares Differenzialgetriebe
n größeres Treibrad (rechts), um größte Zugkraft der beiden großen Treibräder in der Ackerfurche zu gewährleisten
n Ausheben des Pfluges durch motorische Höhenverstellung des Stützrades mit Betätigung durch ein Doppelpedal
n Schaltgetriebe eigener Fertigung mit vier Vorwärtsgängen und einem Rückwärtsgang

Dadurch waren die Maschinen (nach Abbau der Pflugschare) vielseitig verwendbar, zum Beispiel zum Ziehen von Getreidebindern. Ob man mit den Motortragpflügen großer Leistung den Bogen etwas überspannt hatte, bleibt dahingestellt. Jedenfalls musste in der Mitte des Ersten Weltkrieges die gesamte Produktion eingestellt werden.

Nach dem Krieg baute Stock im Jahr 1924 den sogenannten Wendestock mit 20 PS. Gedacht war er für kleinere landwirtschaftliche Betriebe. Dieser Motorpflug trug einen Dreischar-Drehpflug, so konnte man Hin- und Herfahren und zur gleichen Seite pflügen. Leerfahrten wurden dadurch eingespart. Es war ein außerordentlich wendiges Fahrzeug. Der Motor befand sich vor der Triebachse und war quer angebaut. Gelenkt wurde der Wendestock wie ein Raupenfahrzeug, das heißt durch Auskuppeln des jeweiligen Triebrades vom hinten liegenden Fahrersitz aus. Der Fahrer saß über dem ungelenkten, nachlaufenden Stützrad des Tragrahmens.

Dann folgte die wirtschaftliche und politische Krise des Deutschen Reichs. Alle Hoffnungen des Unternehmens zerschlugen sich. Außerdem hatte man noch den konkurrierenden Motorpflughersteller Podeus aus Wismar übernommen, und nun stand man Mitte der zwanziger Jahre selbst vor dem wirtschaftlichen Ruin. Doch dessen ungeachtet gelang Chefkonstrukteur Georg Heidemann die Entwicklung und Fertigung des Kettenschleppers Stokraft mit 40 PS. Dieser Kettenschlepper unterschied sich von anderen Raupenschleppern durch die vorne angeordneten Triebräder. Die hinteren Leiträder auf der

Gleiskette waren direkt auf dem Boden abgestützt, das heißt, die normalerweise üblichen Laufrollen fehlten. Das wegen seiner Frontlastigkeit aufbäumsichere Fahrzeug vereinte den Radschlepper mit der Universalität der Raupe. Das Kettentriebwerk der Stock-Raupe war einfach und verschleißmindernd ausgeführt. Der 40-PS-Zweizylinder-Stock-Vergasermotor war in der Leistung ausreichend und betriebssicher.

Kommen wir zum Traktorenbau, zu den sogenannten Ackerschleppern. Im Jahr 1922 hatte Stock die Zeichen der Zeit wohl richtig verstanden, denn nun richtete man das Augenmerk auf die Konstruktion eines Vierrad-Schleppers, mit der man nicht nur den Anschluss an den aktuellen Stand der Technik erreichte, sondern auch in die Reihe der wichtigsten Schlepperhersteller kam. Trotzdem gelangte das Unternehmen nie wieder zu der wirtschaftlichen Bedeutung wie in den Jahren 1912 bis 1920. Die große Zeit der Motorpflüge war unwiderruflich vorbei. Die Stock GmbH war jedoch weit entfernt davon, die Größenordnung der Marken Deutz, Hanomag oder etwa der Heinrich Lanz A. G. zu erreichen, die bereits Erfahrungen im Bau von Ackerschleppern hatten.

Die herausragende Leistung von Stock bestand in der erstmaligen Realisierung eines völlig neuen Schlepperkonzeptes. Die Entwicklungsstufe eines schweren Radschleppers wurde ausgelassen. Stock strebte eine leichtere Maschine an, mit der Bezeichnung Stock Diesel-Schlepper. Die Produktion wurde 1935 aufgenommen und verfolgte ein modernes Konzept. Der Stock Diesel-Schlepper besaß in seinen Grundzügen alle technischen Standards, die für die nächsten 25 Jahre die Kategorie Bauernschlepper auszeichnen sollten.

Daneben gab es einen Straßenschlepper. Die Vorderachse des Straßenschleppers war durch ein Blattfeder-Paket gefedert, der Führerstand nach vorn durch herumgezogene Seitenbleche geschlossen. Außerdem verfügte er über durchgehende „Automobilkotflügel". Die vorderen und hinteren Felgen waren geteilt, wodurch die Reifenmontage sehr erleichtert wurde. Der Straßenschlepper konnte eine Höchstgeschwindigkeit von 19,5 km/h erreichen.

Der Ackerschlepper war als Universal-Maschine gedacht. Der Führerstand war hier offen und von allen Seiten bequem zu erreichen. Für die Vorderräder galten Kotflügel als Sonderausstattung. Der Schlepper verfügte über eine mittig angeordnete Zapfwelle (540 U/min), die den Antrieb links- und rechtsschneidender Binder ermöglichte. Für die sta-

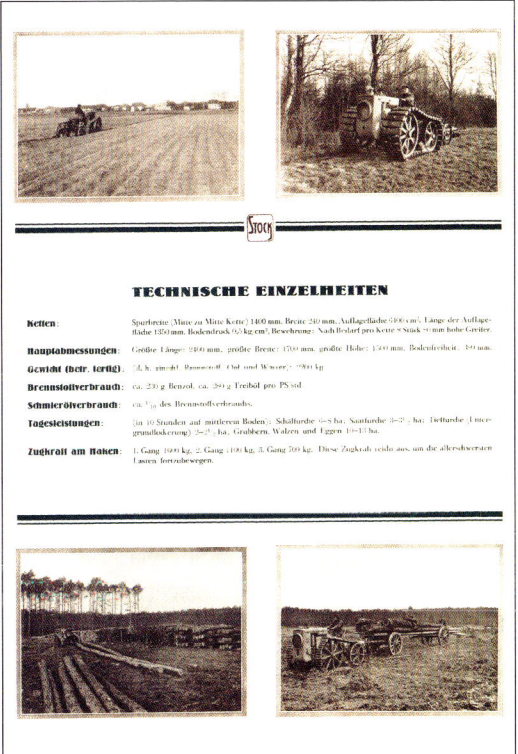

STOCK-ZEITSCHRIFT

Herausgegeben vom Versuchsfeld der Firma

Heft 1 — Jahrgang 1928

Zum ehrenden Andenken an den Begründer der Firma R. Stock & Co., A.-G.

ROBERT STOCK.

Das erste Heft der Stock-Zeitschrift soll nicht erscheinen, ohne daß dem Begründer der heutigen Firma R. Stock & Co., A.-G., einige Worte gewidmet werden. Robert Stock, der am 4. April 1858 zu Hagenow in Mecklenburg geboren wurde, legte im Jahre 1887 den Grundstein zu der heutigen Firma. Wie wohl die meisten unserer Großfirmen aus kleinen Anfängen entwickelt worden sind, so hat auch Robert Stock seine Selbständigkeit in bescheidenem Rahmen begonnen. Zielbewußt ging er seinen Weg. Als erfahrener und gut durchgebildeter Fachmann und Praktiker fühlte er sein Unternehmen durch eine junge Reihe geschaffener, sinnreicher und vorteilhafter Einrichtungen zu Erfolg. Zielbewußt verfolgte er ferner den Grundsatz, daß man nur so gut, ja sogar besitzwahlten Arbeitskräften wirklich gute Arbeit leisten konnte. Dementsprechend waren aber auch die Anforderungen an seine Arbeiterschaft. Mancher seiner Mitarbeiter wird berichten können, wie außerordentlich streng das Zepter von ihm geführt wurde.

Schon in verhältnismäßig jungen Jahren war er dank seiner Energie und Schaffensfreudigkeit, mit großer Menschenkenntnis gepaart, dazu nicht unbeträchtliches Vermögen gelangt, das es ihm gestattete, die von ihm geschaffenen Werke zu bedeutenden Unternehmungen auszubauen. Anfang der 90-er Jahre schuf er neben der Deutschen Telephongesellschaft das Kabelwerk Wilhelminenhof. Im Jahre 1893 besuchte er die Vereinigten Staaten, und wenn er auch später stets ablehnte, durch amerikanische Fabrikationsmethoden beeinflußt worden zu sein, so läßt sich doch feststellen, daß der Aufschwung seiner Unternehmungen gerade in die Jahre nach seiner Amerikareise fällt. Man kann sagen, daß Robert Stock seinem Fühlen und Denken nach einer der besten Deutschen war, die je gelebt haben. Er war stolz auf sein Deutschland und hat aus diesem Empfinden auch vor Ausländern, die ihn besuchten, keinen Hehl gemacht. Die große Charakteristikum in seinem Wesen war eine wunderbare Auffassungsgabe für technische Entwicklung, und wie er seine eigenen Werke immer rationeller ausbaute, so schwebte ihm, der Mann, der vom Lande stammte, der Gedanke vor, auch der deutschen Landwirtschaft gewissermaßen im gleichen Sinne zu rationalisieren und zu mechanisieren wie die Fabriken selbst. Es muß ihm, der ein Fabrikarbeiter eines ersten Ranges geworden war, eine gewisse Sehnsucht nach dem Lande gewirkt haben, zu einer Zeit, als er auch seine glücklichste Zeit genoß, als er die reichen Erfolge, die ihm seine Werke brachten, zum Ankauf eines Gutes, der Entwicklung eines eigenen Gutes, das diese Idee so ausgereift war, die Grundlage einer besonderen Gesellschaft bilden konnte.

Auf der Höhe seiner Schaffenskraft raffte ihn der Tod hinweg. Im Alter von 54 Jahren erlag er einem tückischen Leiden, nachdem er im sonnigen Süden vergebens Linderung und Heilung erhofft hatte. Viel zu früh starb er für die deutsche Industrie und das deutsche Vaterland.

---

tionäre Verwendung konnte nach Abschrauben eines Verschlußdeckels auf der ersten Getriebewelle eine Riemenscheibe angebracht werden. Sie hatte einen Durchmesser von 250 mm und lief mit 1000 U/min. Eine willkommene Bereicherung auf dem Bauernhof war das Mähwerk. Der 1,55-m-Mähbalken war rechts angeordnet und wurde von einem im Kupplungsgehäuse befindlichen Zusatzgetriebe angetrieben, das auf eine Kurbelscheibe mit Rutschkupplung wirkte und dem Mähmesser 900 Bewegungen pro Minute verschaffte.

Sowohl Acker- als auch Straßenschlepper besaßen elektrische Beleuchtungsanlagen mit 45-W-Lichtmaschine, 65-Ah-Batterie, zwei Scheinwerfern und Rücklicht. Die Stock-Schlepper waren 2600 mm lang (Radstand 1600 mm), 1480 mm breit (Spurweite 1230 mm) und 1350 mm hoch. Der kleinste Wenderadius betrug 3 m. Der Ackerschlepper hatte ein Gewicht von etwa 1450 kg. Die Zugleistung des Straßenschleppers sollte im dritten Gang (19,5 km/h) 10 t betragen.

Alle Stock Straßen- beziehungsweise Ackerschlepper erhielten erstmalig Motoren aus fremder Produktion, hier in Gestalt des Deutz F2M313. Der Zweizylinder-Vorkammer-Diesel (Bohrung 100, Hub 130 mm) leistete 20 PS bei 1500 U/min. Gestartet wurde er mit Zündpapier und Andrehkurbel. Gegen Aufpreis konnte der Motor mit Glühkerzen ausgerüstet werden. Im Jahre 1938 erfolgte für das bisher produzierte Modell eine gründliche Überarbeitung. Zum Einbau gelangte nun von Deutz der Motor F2M414. Dieser Dieselmotor der Vorkriegs- und auch der frühen Nachkriegsjahre leistete auch im Stock Diesel-Schlepper 22 PS bei 1500 U/min. Er war mit Glühspiralen zum Anlassen des kalten Motors versehen, jedoch gab es zur Sicherheit noch Zündpatronenhalter für den Fall des Versagens der Vorglühanlage. Die wichtigste Neuerung aber war das Getriebe, das eine Eigenentwicklung der Firma Stock GmbH war. In zwei Gruppen, mit Vorschalthebeln, standen sechs Vorwärts- und zwei Rückwärtsgänge zur Verfügung.

Mit Mähbalken, Riemenscheibe und Zapfwelle erreichte der Ackerschlepper jetzt ein Gewicht von 1610 kg. Eine Straßenversion war nicht mehr vorgesehen. Der Ackerschlepper hatte eine gegen den Motorblock gefederte Pendelachse erhalten, mit der sich die Bodenfreiheit auf 43 cm erhöhte. Die Entwicklung zum Allzweck-Bauernschlepper war für damalige Zeiten vollendet. In dieser Form wurde der Stock Diesel-Schlepper bis 1941 gebaut. Es ist tragisch, daß die Entwicklung des 22-PS-Schleppers sozusagen im Sog der Kriegsereignisse unterging.

Motorpflüge und Dieselschlepper von Stock

Getriebe, Tank und Deutz-Motor des 22 PS starken Stock Ackerschleppers von 1941

Das endgültige Ende des Stock-Traktorenbaus leitete 1943 der Stock Grasschlepper ein, der wohl von der Landwirtschaft in den Kriegszeiten begehrt war, ansonsten jedoch eine schwerfällige Schlepperart darstellte. Dabei wurde der bewährte Deutz-Motor nicht einfach auf gasförmigen Brennstoff umgestellt, sondern Deutz entwickelte einen speziellen Generatorgas-Motor mit der Typenbezeichnung GT2M115 (zwei Zylinder, 4000 cm^3, 25 PS bei 1550 U/min). Auch bei Stock verwendete man den Einheits-Gaserzeuger, entscheidend war aber, dass die Generatoranlage um den Motor herum gebaut war, was den Vorteil hatte, das langbauende Gruppengetriebe weiterverwenden zu können. So ermöglichte die Beibehaltung des Stock-Getriebes dem Holzgasschlepper die gleichen Arbeitsgeschwindigkeiten wie dem Diesel. Zudem verbesserte die „aufgelockerte" Generatoranordnung die Gewichtsverteilung und auch die Zugleistung. Die freiliegende Vorderachse gab dem Schlepper einen Wendekreis von 6 m. Die Zugkraft lag bei 1300 kg.

Trotz des enormen Bedarfs kam es nach dem Ende des Zweiten Weltkrieges nicht mehr zu einer Neuauflage der Stock-Schlepperproduktion. Am 9. April 1953 wurde der Betrieb endgültig aus dem Firmenregister gelöscht.

Der Stock Ackerschlepper von 1941 ist mit sechs Vorwärtsgängen und zwei Rückwärtsgängen ausgestattet. Vor dem Schlepper: Eigentümer Wolfgang Stock aus Oberliblar, der den Traktor restauriert

STOCK-Diesel-Schlepper

22 PS

Vorzüge:

6 Vorwärtsgänge, 43 cm Bodenfreiheit, gefederte Vorderachse, 2,75 m. Wendehalbkreis, 20 km Geschwindigkeit

Der Stock Dieselschlepper war mit einem 5-Fuß-Mähbalken ausgerüstet, der Antrieb war in das Kupplungsgehäuse eingebaut. Der Schlepper hatte zwei Anhängemöglichkeiten: eine untere Anhängeschiene zum Anhängen der Ackergeräte und eine obere Anhängeöse, 700 mm vom Erdboden, zum Anhängen von Wagen

Selbstfahrer zum Spritzen und Stäuben

von Dr. Heinrich Ostarhild

Zur Bekämpfung von Pilzkrankheiten, Insekten und Unkräutern, bevor es Traktoren gab

Wie viele andere Bereiche hat sich die Technik für den Pflanzenschutz ganz allmählich entwickelt. Im Weinbau wollte man ab etwa 1860 Schäden durch Pilzkrankheiten mit Spritzungen von kupferhaltigen Mitteln vermeiden, ab etwa 1905 gab es erste Maßnahmen gegen breitblättrige Unkräuter (Hederich-Kainit) mit ätzenden Kalisalzen und etwa zur gleichen Zeit begann die Bekämpfung von Insekten und Pilzkrankheiten im Obstbau. Sieht man sich die Fotos von der seinerzeitigen Technik an, so erscheint manches ziemlich „vorsintflutlich". Was heute schwer vorstellbar ist, ist die schlichte Tatsache, dass es keine Traktoren gab, jedenfalls nicht in der Masse der zahllosen Klein- und Kleinstbetriebe in Südwestdeutschland. Die erste Konsequenz daraus war die Pflanzenschutz-Motorpumpe und die logische nächste Konsequenz wurde der Pflanzenschutz-Selbstfahrer.

Die Fotos dieses Bildberichts stammen durchweg aus dem Archiv der Maschinenfabrik Hilder in Metzingen. Dort fanden sich auch zwei Werkfotos, die Produkte der ehemaligen Firma Platz in Frankenthal zeigen, die von 1966 bis 1986 zur Holder-Gruppe gehörte. Ein ähnlicher, jedoch nicht gleicher und kürzerer Beitrag zu diesem Thema wurde 2007 im „Goldenen Pflug", der Hauszeitschrift des Deutschen Landwirtschaftsmuseums in Stuttgart-Hohenheim veröffentlicht.

Denn die Arbeit mit den handbetätigten Rückenspritzgeräten war anstrengend und zeitraubend. Somit begann die Motorisierung der Sonderkultur-Kleinbetriebe mit den Motorpumpen und Motor-Traubenmühlen und es war sicher kein Zufall, dass

Bevor es Traktoren gab: Viermann-Obstbau-Spritzteam mit Kuh-Anspannung, Bütte auf dem Ackerwagen, Motorpumpe auf Stahlrahmen auf der Bütte und bis zu fünf Meter langen Bambus-Spritzrohren

Ein erstes „komplettes" Motorspritzgerät: Die Plattform oben auf dem Behälter diente wohl als Standfläche für das Personal. Zwei Rührwerk-Wellen hielten die Konzentration gleich. Am Hinterrad zwei Spritzrohre

Ein Einspänner-Motorspritzgerät mit Behälter aus Messingblech. Zwei Spritzrohre. Ein Füllschlauch mit Saugkorb ist am Saugkanal der Pumpe verschraubt, dieser diente offenbar zum Behälter-Füllen mit Motorkraft

Ein Spritzzug der Firma Platz, damals in Ludwigshafen. Vermutlich war das ein Lohnunternehmer für Weinbau und Obstbau in Hanglagen. Auf dem zweiten Anhänger zwei große Schlauchhaspeln mit Motorantrieb

Diese Typ-Variante hat eine Handbremse (Handkurbel vor dem Motor) und wird hier mit Druck-Schlauch zum Füllen des daneben stehenden Rückenspritzgerätes gezeigt

die beiden führenden Pflanzenschutztechnik-Hersteller Platz (gegründet 1864) und Holder (gegründet 1888) aus dem Südwesten stammen. Das bedeutete in den ersten Nachkriegsjahren, daß beide Firmen in der Französischen Besatzungszone lagen. Um auch in der viel größeren Amerikanischen Zone Pflanzenschutzgeräte herstellen zu können, bekam Holder eine Sondergenehmigung für den Aufbau eines Zweigwerkes in Grunbach bei Stuttgart. So entstand die Firma Holder-Grunbach, in der von 1946 bis 1986 Einachs-Traktoren, Motorhacken und Motormäher gebaut wurden. Neben vielen anderen Auszeichnungen bekam Holder 1936 eine Ehrenurkunde des Reichsnährstandes für eine Große Silberne Preismünze, unterschrieben vom damaligen „Reichsbauernführer" Walter Darrè. Von dem haben die Bauern gesagt: „Lieber ein Jahr Dürre als noch ein Jahr Darrè".

Die Spritzgeräte werden motorisiert

Die Fotos sprechen natürlich für sich, dennoch scheinen ein paar Hinweise zur damaligen Technik angebracht. Die langen Bambusrohre zum Spritzen der Hochstämme wurden aus Teilen von zwei oder drei Metern Länge zusammengeschraubt. Das Vierrad-Motor-Baumspritzgerät wurde mit einer Zweispännerdeichsel (montiert) oder einer Einspänner-Deichsel (am Boden) angeboten. Viele Spritzgeräte hatten Schutzdächer über den Motorpumpen, damit diese nicht so von den herabtropfenden Spritztropfen getroffen wurden. Der Selbstfahrer der Firma Platz hat immerhin zwei recht ordentliche Sitze für Fahrer und Beifahrer. Zu den sehr schmal gehaltenen Weinbau-Selbstfahrern wird der Ordnung halber bemerkt, dass diese wahrscheinlich nicht in großen Stückzahlen gefertigt wurden. Im Weinbau der Realteilungsgebiete gab es vielfach eine extreme Flurzersplitterung und sehr schmale Reihen. Manche Grundstücke waren nur erreichbar, wenn man über Nachbargrundstücke gehen konnte. Somit war der „alte" Weinbau zur Mechanisierung eher ungeeignet. Die ersten Flurbereinigungen kamen erst ab etwa 1955. Übrigens sind die zum Teil genannten Jahreszahlen bitte mit Vorsicht zu betrachten, denn leider tragen die meisten Fotos keinerei Angaben. Gegenüber den wahrscheinlich kleineren Stückzahlen der Weinbau-Selbstfahrer war der Bedarf an Selbstfahr-Baum-

Obstbau-Pflanzenschutz-Selbstfahrer der Firma Platz mit Stahlrädern hinten und Luftgummireifen vorn. Der Einfüllhals aus Messingblech ist auf den Behälter aus Holz aufgenagelt. Dort ist ein Schlauch aufgewickelt

Unten: Weinbau-Spritz-Selbstfahrer mit fast Rundumverkleidung. Um 1930 waren Reihenweiten von einem Meter oder schmaler üblich. Die sechs Düsen waren nach Höhe, Seite und Richtung einzeln verstellbar

Weinbau-Selbstfahrer vor der alten Weinbauschule in Oppenheim am Rhein. Links eine selbstfahrende Schlauchhaspel zum Spritzen in Hanglagen, das Schutzblech verdeckt einen Drehzahl-Variator

spritzgeräten wesentlich größer. Unter dem Sammelbegriff „Auto-Rekord" konnten im Lauf der Jahre viele hundert, wahrscheinlich insgesamt mehr als tausend Fahrzeuge mit Behältergrößen von 200, 300 und 400 Litern, meist aus Holz, serienmäßig hergestellt werden. Das lief so seit Mitte der dreißiger Jahre bis in die späten fünfziger Jahre. In zuletzt stark modernisierter Form wurden Auto-Rekord-Selbstfahrer als Pflanzenschutzgeräte AR 4 und AR 6 für den Ackerbau mit 10 PS-Dieselmotor (mit Holder-Lizenz von Fichtel und Sachs in Schweinfurt) bis 1957 gebaut. Gestartet wurde mit Anlasser, gefahren wurde mit vier Vorwärtsgängen von 2,5 bis 16 km/h und einem Rückwärtsgang und gespritzt mit einer Dreikolbenpumpe mit 50 l/min und 2 bis 40 atü mit einer Arbeitsbreite von zehn Metern. Einer der letzten wichtigen Aufträge konnte mit zehn Stück AR 6 (600 Liter) mit Behältern aus Messingblech an die Südzucker in Würzburg geliefert werden. Die Bilder zeigen auch unterschiedliche Räder und Bereifungen: Stahlgreifer-Räder waren unschlagbar auf feuchtem Gras am Hang, für Straßenfahrt mußten freilich die Laufreifen angeschraubt werden. Wichtig war das serienmäßige mechanische Propeller-Rührwerk, denn die Schwebefähigkeit der Spritzpulver war früher sicher noch nicht so gut wie heute. Im Lauf der Jahre setzte sich die Luftgummi-Bereifung für Straßenfahrt durch, und zwar um so mehr, als die Auto-Rekord mit Zugmaul auch mit Transportanhänger für die Apfelernte verwendet wurde. Als die vielseitigen Geräteträger der großen Schlepperfirmen mit ihren größeren Aufbau-Spritzanlagen kamen, ging die Zeit der Einzweck-Auto-Rekord-Selbstfahrer zu Ende.

Selbstfahrende Forst-Stäubegeräte ab 1927

Neben zahllosen anderen Unterlagen findet sich im Holder-Archiv auch ein interner Vermerk von Max Holder vom 31. Januar 1949, in dem über die Lieferung von Motor-Stäubegeräten zur Bekämpfung der Wald-Schad-Insekten (Forl-Eule) in Ostpreussen und Polen berichtet wird. Im gleichen Papier vermu-

Ein selbstfahrendes Baumspritzgerät namens Auto-Rekord etwa Mitte der dreißiger Jahre: Stahlgreiferräder mit abschraubbaren Laufreifen für Straßenfahrt, Vorderräder mit Stahlrädern. 300 Liter Holzbehälter

Auto-Rekord mit Luftgummireifen und Stahl-Vorderrädern in sehr niedriger Bauweise. Hier mit einer Schlauchhaspel zum Spritzen im Weinbau und Obstbau an den Südhängen der Metzinger Weinberge

Auto-Rekord „AR 4" mit Behälter aus Holz, später auch aus Messing oder Stahlblech. Das Anbau-Mähwerk zum Obstwiesen-Mähen war wohl ein Versuchsgerät. Unter dem Sitz eine Anhängerkupplung

44 Selbstfahrer zum Spritzen und Stäuben

Eine Kleinserie von fünf Selbstfahrgeräten für den Forst etwa 1930. Unverkennbar ist die Verwendung des Einachstraktors für ein handgeführtes Stäubegerät. Auf den Stahlgreiferrädern sind Laufreifen montiert

Die schmalen Selbstfahr-Stäubegeräte konnten im Hochwald zwischen den Bäumen hindurchfahren. Der Hauptwellen-Durchtrieb vom Motor zum Gebläse ist gut erkennbar. Anhänger für Stäubemittel-Transport

Selbstfahrer zum Spritzen und Stäuben **45**

Panne beim Stäuben im Wald. Eine Lenkrad-Achse ist gebrochen. Ein Holz-Prügel stützt das Gerät ab. Das Personal hat Staubmasken umgehängt. Das Ausblasrohr ist oben offenbar gegen Regen abgedeckt

tet Max Holder eine „zunehmende Neigung zum Stäubeverfahren" (das natürlich nur bei Insektiziden). In diese Richtung zielt auch ein Brief der Export-Firma Schlieper in Remscheid vom 9. Februar 1933, der bestätigt, daß Holder in den Jahren 1929 und 1930 „circa 75 Motorpulververstäuber Sulfia für Niederländisch-Indien" (heute Indonesien) geliefert hat. „Diese Apparate müssen den Schwefelstaub auf 25 Meter hohe Gummibäume hinaufblasen. Diese Arbeit leisten Ihre Sulfia-Stäuber in denkbar bester Weise und konnte so fast alle Konkurrenz-Apparate deutschen und ausländischen Fabrikates vom Markt verdrängen".

Dazu sollte man heute, nach 80 Jahren, dreierlei bemerken:

1. Offenbar war Holder damals bereits eine über Deutschland hinaus wirkende erfolgreiche Firma.

2. Das Stäubeverfahren konnte sich nicht allgemein durchsetzen, weil die Stäubemittel schon bei leichtem Wind von den zu schützenden Pflanzen abrutschten, also keine Dauerwirkung hatten.

3. Etwa um 1980 legten die Forstverwaltungen und das Bundes-Landwirtschaftsministerium fest, daß im Wald grundsätzlich keine Chemikalien mehr angewendet werden.

Vielmehr sollten sich etwaige Waldschäden durch natürliche Selbstheilungs-Kräfte regeln. Vor allem befürchtete man langfristig das Eindringen von Chemikalien ins Grundwasser. Die hier abgebildeten Konstruktionen waren Einzweck-Geräte, erkennbar schon daran, daß das Ausblasrohr nach oben gerichtet war und nur einen geringen seitlichen Schwenkbereich hatte. Der Mann auf dem Anhänger hinter dem Selbstfahr-Stäuber könnte übrigens der junge Max

Holder sein, von dem auch andere Fotos belegen, daß er sich nicht zu schade war, bei Vorführungen selbst mitzuarbeiten.

Die Bilder belegen auch die erhebliche technische Weiterentwicklung dieser Jahre. Zunächst baute man Forststäuber mit einem Motor für Fahrantrieb und Gebläse. Für höhere Leistungsansprüche gab es dann bald Selbstfahrer mit zwei Motoren: Einen Motor für den Vortrieb und einen Motor nur für das Gebläse. Bemerkenswert sind auch die groß bemessenen Einfüllöffnungen, die das Einschütten direkt aus dem Papiersack erlaubten. Forst-Stäubegeräte mit nur nach oben gerichtetem Luftstrom als Typ Sulfia IV für Gespann- oder Traktorzug waren bis 1957 in den Holder-Preislisten verzeichnet. Das Zwei-Motoren-Prinzip für Fahr-Antrieb und für Maschinen-Antrieb ist später auch anderweitig angewendet worden. So etwa bei den Obstbau- und Hopfenbau -Sprühgeräten von Fricke (Bielefeld), Holder, Platz und Wanner-Myers (Wangen im Allgäu), bei denen ein Zapfwellen-Antrieb für die Pumpe und ein Aufbau-Motor für das Gebläse üblich waren. Auch in der Mähdrescher-Frühzeit gab es zweimotorige Maschinen mit je einem Motor für den Fahrantrieb und einen zweiten für den Dreschantrieb. Und schließlich gibt es bis heute Höchstleistungs-Kombinationen etwa von Unimog und Aufbaumotor bei Schneefräsen zum Öffnen von Hochgebirgs-Paßstraßen im Frühjahr.

Als Schlußbemerkung zum Kapitel Stäubeverfahren sei erwähnt, daß in einigen Ländern der ehemaligen Französischen Union, die wie Niger oder Tschad erhebliche Wüstenbereiche umfassen, das Stäuben gegen Wanderheuschrecken als Alternative zum Luftfahrzeugeinsatz gilt.

Dieser Selbstfahrer ist wohl für den Weinbau bestimmt. Dafür sprechen die Verkleidung und die hochgeklappten Kultivatorzinken zum Auflockern der Fahrspur. Der Fahrer führt die Maschine mit dem Lenkholm

Zum Schluß die stärkeren „zweimotorigen" Forststäubegeräte. Diese bestanden aus einem Einachstraktor mit circa 9 PS-Motor für den Vortrieb und hatten dazu einen etwa 10 PS-Motor nur für das Gebläse

Der Name „Auto-Sulfia" stand für selbstfahrende Stäubegeräte, mit denen unter anderem Schwefelpulver ausgebracht wurde. Hier sind die Laufreifen montiert, die Klappe am Gebläse diente der Luftstromdrosselung

Sicher gern hat der junge Max Holder diese Serie von 18 zweimotorigen Forststäube-Selbstfahrern für den Export in die großen Wälder Polens aufstellen lassen. Der große Tank versorgte beide Motoren

Fendt Agrobil S

von Oliver Aust

Bei der 1922 durch Josef Dechentreiter gegründeten Landmaschinenfabrik in Asbach-Bäumenheim liegen die Ursprünge des Agrobil S. Dechentreiter produzierte vor allem Dreschmaschinen und später auch Mähdrescher. Mitte 1960 wurde die Firma durch ihre Ladewagen bekannt. 1963 beteiligte sich die Firma Lely an Dechentreiter und es erfolgte die Umbenennung in die Lely-Dechentreiter Maschinenfabrik GmbH. Man begann mit dem Bau von Wohnwagen. Als die Firma 1970 unerwartet in Konkurs geriet, wurde sie von Fendt übernommen. Die Produktion von Wohnwagen wurde bei Fendt fortgesetzt.

Ein weiteres Produkt von Lely-Dechentreiter war der Super Truck 70. Der selbstfahrende Universaltransporter wurde von Fendt weiterentwickelt und als Agrobil S (Typ 821) auf den Markt gebracht. Die ersten Modelle dieses selbstfahrenden Ladewagens (1970-1972) waren mit einem Deutz Motor KHD F3L 912 ausgestattet und leisteten 36 kW/50 PS. Das Agrobil S war mit 13 Vorwärts- und vier Rückwärtsgängen ausgestattet.

Nach weiteren Überarbeitungen erschien 1972 das Agrobil S mit dem stärkeren Deutz Motor KHD F4L 912, der 59 kW/80 PS leistete. Das Agrobil S war in Grün und in Kommunalfarben erhältlich. Das Selbstfahrprinzip ermöglichte hohe Leistungen bei der Ernte von Grünfutter, Heu und Silo, bei der Beschickung von Grünfutter Trocknungsanlagen, bei der Ausbringung von Stalldung Gülle sowie bei der Pflege von Brachland. Beachtlich sind die kurzen

Fendt Agrobil S noch heute im Einsatz. Raffiniert gestaltet ist die untere Frontscheibe, die den Blick auf die Geräte freigibt

Mit seinem 6'-Doppelmessermähwerk und der Pick-up erreicht das Agrobil S hohe Leistungen beim Grünfutterholen. Transportgeschwindigkeit 60 km/h.

Der Schlegelfeldhäcksler erweitert den Einsatzbereich des Agrobil S, z. B. beim Mähen von Brachland.
Agrobil S mit Stalldungstreuer. Arbeitsbreite 7 m.

Der Titel (oben) und ein Auszug (links) aus einem Prospekt von 1973

Fendt Agrobil S

Radspur 1820 mm
Radstand 3440 mm
Länge 6980 mm
Höhe des Fahrerhauses 2790 mm
Höhe mit Trockenfutteranbau 3600 mm
Breite 2300 mm
Ladefläche 11 m^3
Laderaum mit Trockenfutteranbau 30 m^3
Brückengröße 5400 x 2060 mm
Höhe der Ladepritsche 1250 mm
Spurkreisradius 6,7 m
Bodenfreiheit 400 mm

Transportzeiten, die durch die enorme Fahrgeschwindigkeit von 62 km/h erreicht werden und die hohe Ladekapazität von acht Tonnen. Die Führerscheinklasse 3, die jeder Landwirt besaß, reichte für das Führen des Fahrzeugs.

In der Kommunalausführung wurde das Agrobil S zum Mähen von Böschungen im Einmannverfahren eingesetzt. Die Hangsicherheit bezog der Agrobil S aus der tiefen Schwerpunktlage und der Anordnung des Triebwerkblocks zwischen den Achsen. Das fein abgestufte Vollsynchrongetriebe arbeitet mit 18 Vorwärtsgängen von 1,3 bis 62 km/h, sowie mit sechs Rückwärtsgängen von 2,3 bis 33 km/h. Das Getriebe ermöglicht die Anpassung an alle Arbeitsbedingungen und damit die optimale Ausnutzung der Motorleistung. Die zahlreichen Einsatzmöglichkeiten bei der Ernte und beim Transport, sowie das konsequente Einmannverfahren gewährleisten eine hohe Wirtschaftlichkeit. Lohnarbeiten und ein überbetrieblicher Maschineneinsatz erhöhen die Rentabilität der Maschine.

Das Agrobil S besitzt eine luftgekühlte Zweifachtrockenkupplung die mit einem gefederten, verschleißfestem Belag versehen ist. Sie wird hydraulisch betätigt. Die Front-Antriebs-Lenkachse ist zu- und abschaltbar. Die Vorderachse ist mit einem Selbstsperrdifferential versehen. Für die Sicherheit sorgt eine hydraulische Servo-Vierrad-Betriebs- und Motorbremse und eine unabhängige Feststellbremse, die auf die Hinterräder wirkt.

Der Aufbau besteht aus einer Fahrzeugbrücke, versehen mit ausklappbaren und abnehmbaren Bordwänden. Der Kratzboden ist mit Schienen besetzt. Die Abladegeschwindigkeit des Selbstfahrers liegt bei 8,5 m/min, optional waren auch 0,4 bis 8,5 m/min möglich. Das Ganzstahl Fahrerhaus ist rundum verglast und von beiden Seiten begehbar. Weitere Ausstattungen waren: Elektrische Scheibenwischer und Waschanlage, Fahrer- und Beifahrersitz vielfach verstellbar, Warmluft- Standheizung, zwölf Volt Lichtanlage, 130 W-Drehstromlichtmaschinen und ein Zughaken vorn.

Der kurze Radstand, die hydraulische Lenkung und der große Lenkeinschlag ermöglichen schnelles und leichtes manövrieren. Beide Allradachsen sind vorgefedert. Der Antrieb der Vorderachse (Locomatic-Selbstsperrdifferential) kann mühelos zu- oder abgeschaltet werden.

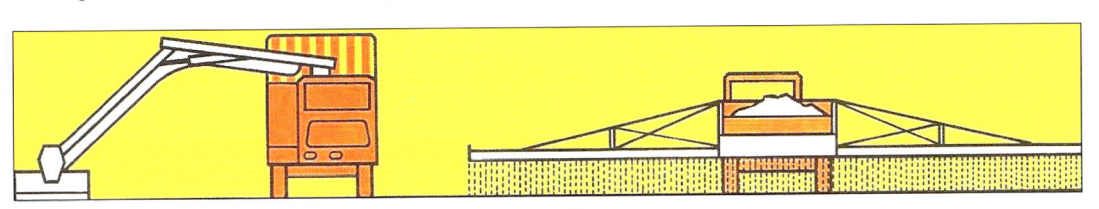

Mähausleger
Mäheinrichtung mit Absauganlage

Düngstreuer
Arbeitsbreite zwölf Meter. Hohe Schlagkraft. Besonders geeignet für die Lose-Dünger-Kette

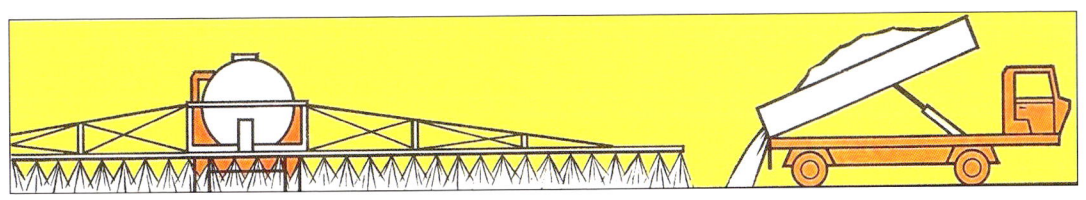

Spritzanlage
Arbeitsbreite bis zu zwanzig Meter

Kipper
Fassungsvermögen circa sieben m^3. Einsatz für allgemeine Transporte

FENDT Agrobil S

Universaltransporter und selbstfahrende Arbeitsmaschine für die Landwirtschaft

Das geschlossene Fahrerhaus bietet beste Sicht auf die Arbeitsgeräte. Die untere Frontscheibe ermöglicht die Kontrolle der Frontgeräte, wie Pick-up, Mähwerk, Chopper, Maishäcksler und Scheibenhäcksler. Der komfortable Fahrersitz ist vielfach verstellbar, die Lenkung hydraulisch.

Zahlreiche Zusatzausstattungen wurden angeboten. Dazu gehörte unter anderem die Ladegerät Pick-up mit hydraulischer Aushebung, abschaltbarem Antrieb, Prallblech, Federzinken und höhenverstellbaren Tasträdern, der Rechenkettenförderer mit Schneideeinrichtung mit elf Messern und einer Aufnahmebreite von 1600 mm. Die Pick-up hat ein Gewicht von 600 Kilogramm und ist gegen einen Maishäcksler austauschbar.

Weitere Optionen: Aufsatzteile für Häckselgut (11,5 m^3 Laderaum, Gewicht circa 150 Kilogramm), Trockenfutteraufbau für 30 m^3 Laderaum (Gewicht circa 100 Kilogramm), Front Doppelmesserschneidwerk mit hydraulischem Antrieb, einschwenkbar in Transportstellung mit Hydraulikzylindern, Zusatzsteuergerät für Antrieb und Aushub (Gewicht circa 160 Kilogramm), Maishäcksler für Silomais, einreihig mit kürzester Schnittlänge von 5 mm und hydraulischer Aushebung (Gewicht circa 400 Kilogramm), Miststreueraggregat, Scheibenradhäcksler, Schlegelhäcksler, Mähausleger, Düngestreuer, Spritzanlage, Kipper. Zur weiteren optionalen Ausstattung gehörten ein Feuerlöscher mit Kfz-Aufhänger, ein Reserverad und ein hydraulischer Wagenheber.

Da die Futtertrocknungsgesellschaften das Agrobil in den achtziger Jahren verstärkt einsetzten, erkannten sie Mängel, die aufgrund der enormen Auslastung des selbstfahrenden Ladewagens entstanden und führten einige Verbesserungen an der Maschine durch. Der Rechenförderer des Agrobil S war beim Dauereinsatz oft defekt und man überlegte, welches Aggregat den Anforderungen gewachsen war. Man entschied sich für das Siloprofi Aggregat von Pöttinger, das exakt passte und sehr stabil war. Eine weitere notwendige Neuerung waren die Bremsen. Gerade die Trocknungsgesellschaften mussten enorme Wege, teilweise über Autobahnen zurücklegen, um die Wiesen zu erreichen. Natürlich wurde das Agrobil dann mit bis zu zehn Tonnen beladen, um durch möglichst wenig Fahrten effektiv arbeiten zu können. Die Scheibenbremsen hielten diesen extremen Anforderungen kaum stand. So wurde ein Bremskraftverstärker eingebaut, der für die nötige Sicherheit sorgte.

Prospekttitel von 1973. Der Scheibenradhäcksler lässt sich über Schnellkuppler am Agrobil S an- oder abbauen

Prospekte: Günther Uhl

Landwirt Franz Hartmann kaufte sich 1999 dieses Fendt Agrobil S von einer Futtertrocknungsgesellschaft

54　Fendt Agrobil S

Obwohl das Agrobil S ein beliebtes Allzweckfahrzeug seiner Zeit war, konnte es sich nicht durchsetzen. Im Ackerbau war es nur bedingt einsetzbar und viele Landwirte konnten das Agrobil S aufgrund seiner Höhe nicht in die Scheune fahren. Auch die Unterhaltung war sehr kostspielig, da es im Brief als Spezial Lkw eingetragen war und auch als solcher versichert werden musste. Auf Grund zu niedriger Stückzahlen, stellte Fendt 1982 den Bau der selbstfahrenden Arbeitsmaschine ein. Bis dahin hatte Fendt lediglich 112 dieser Maschinen produziert. Einige fahren noch heute für Trocknungsanlagen und auch bei Landwirten kann man hin und wieder auf eine dieser Raritäten stoßen.

Einer dieser Landwirte ist Franz Hartmann. Er kaufte sein Agrobil S im Jahr 1999 von einer Futtertrocknungsgesellschaft im Allgäu zu einem Preis von 25 000 DM. Er überlegte damals, was er speziell benötigte, einen Schlepper mit Ladewagen oder das Agrobil S. Einen Schlepper besaß er und da Franz Hartmann viele Wiesen in großer Entfernung zum Hof besitzt und diese auch noch teilweise extrem steil sind, entschied er sich schließlich für den Selbstfahrer. Nach seiner Aussage ist die Maschine, die mit viel Fingerspitzengefühl bedient werden muss, für ihn die optimale Wahl gewesen. Er hat bereits für die Zukunft vorgesorgt und sich eine neue Kupplung und ein neues Getriebe für das Agrobil S besorgt, damit er noch möglichst lange etwas von seiner ungewöhnlichen Fendt Konstruktion hat. Heute hat Hartmanns Agrobil S bereits 220 000 Kilometer auf dem Tachometer und ist immer noch ein zuverlässiger Partner in der Grasernte.

Nachdem Fendt das Agrobil S nicht mehr baute, gab es ähnliche Konstruktionen auf Iveco- und MAN-Basis. Auch diese Selbsfahrer sind heute noch für die Bestückung der Trocknungsanlagen in Bayern im Einsatz zu sehen.

Agrobil S mit Stalldungstreuer Fotos: Günther Uhl

Die Arbeitsbreite des Stalldungstreuers beträgt acht Meter

Fotos: Günther Uhl

Fendt Agrobil S **57**

Agrobil-Umbau von der Firma Ulrich Mändle mit 115 PS Sechszylindermotor, Hydrostat, MAN Verteilergetriebe, Mengele Maishäcksler, Unimogbereifung und Mulag Mähgerät

Fotos: Günther Uhl

Dampftraktoren als Exoten

Europaweit nur wenige Exemplare erhalten

von Klaus-Uwe Hölscher

Während heute Traktoren fast ausschließlich von Dieselmotoren angetrieben werden, wurden früher als Treibstoffe auch Rohöl, Benzin, Spiritus und kriegsbedingt Holzgas eingesetzt. Aber auch Dampfkraft spielte eine Rolle, wie im folgenden Beitrag aufgezeigt werden soll.

Beim Dampfbetrieb unterscheidet man im Wesentlichen folgende Maschinengattungen: Dampfwalzen, Pfluglokomobile, Zuglokomobile, fahrbare Lokomobile (dienten zum Beispiel zum Antrieb von Dreschmaschinen, mussten aber zum Einsatzort gezogen werden), stationäre Lokomobile, stationäre Dampfmaschinen, Dampfautos, Dampffeuerspritzen, Dampfkräne, Dampfbagger und Rad- beziehungsweise Schraubendampfer. Hinter welchem Begriff verbirgt sich der Dampftraktor? Es ist die Zuglokomobile, die gelegentlich auch als Straßenlokomotive bezeichnet wird.

Das Dampfmaschinenregister des Fördervereins Dampfmaschinenmuseum e. V. in Hanau-Grossauheim listet derzeit in Europa erhaltene und bekann-

Dampftraktor Case, Baujahr 1898, Leistung 9 PS bei 8 At. Im Traktorenmuseum von Johannes Glitz in Kempenfeldrom bei Horn-Bad Meinberg (NRW)

Blick auf den Bedienstand des Case-Dampftraktors im Traktorenmuseum Kempenfeldrom

Schwungrad, Kolben und Zylinder ergeben eine kunstvolle Vielfalt am Case-Dampftraktor

te Dampftechnik auf. Den Hauptanteil machen die stationären Dampfmaschinen mit knapp über 1 000 Exemplaren aus, dann folgen fahrbare Lokomobile (etwa 650), Dampfwalzen, darunter auch einige mit Dieselmotor, (590) und stationäre Lokomobile (450). Immerhin sind 127 Zuglokomobile nachgewiesen, das sind die noch erhaltenen Dampftraktoren. Die ältesten Exemplare sind Fabrikat Tuxford von 1861, der jüngste Dampftrecker ist ein John Fowler aus dem Jahr 1937. Einige der Dampftraktoren waren ursprünglich Dampfwalzen und wurden dann umgebaut, andere dienten Schaustellern als Zugfahrzeuge für ihr Fahrgeschäft.

Case-Dampftraktor

In Kempenfeldrom bei Horn-Bad Meinberg in Ostwestfalen/Lippe hat Johannes Glitz in seinem landwirtschaftlichen Anwesen ein Treckermuseum eingerichtet, das eine umfangreiche Sammlung enthält. Darunter befindet sich ein Dampftraktor, Fabrikat Case, Baujahr 1898, liegende Einzylinder-Maschine, Leistung 9 PS bei 8 At. Das Gerät stammt aus Oregon (USA). Case hat eine lange Tradition in der Landtechnik. Jerome Increase Case (1819-1891) gründet 1842 in Rochester im Bundesstaat Wisconsin eine Fabrik für Dreschmaschinen. Gegen Ende des amerikanischen Bürgerkrieges, der die Mechanisierung der Landwirtschaft stark forciert, entsteht als Markenzeichen von Case der majestätische Weißkopfadler. 1886 ist Case der weltgrößte Hersteller von Dampfmaschinen. 1902 erfolgt die Gründung der International Harvester Company (IHC), in der sich fünf frühere Konkurrenten zusammenschließen.

Der Firmenname Case findet sich auch heute noch auf modernen Schleppern, da die IHC in Neuss am Rhein 1985 ihren Landmaschinenbereich an Case verkaufte und in Neuss bis Ende 1996 IHC Case-Schlepper gebaut wurden. Besonders interessant ist ein Besuch im Traktorenmuseum Kempen, wenn im Juni das alljährliche Bulldog-, Dampf- und Traktorentreffen stattfindet.

Kraftprotz in Vechta

Im September 2004 hatten sich die Veranstalter des Stoppelmarktes in Vechta (NS) etwas Besonderes einfallen lassen. Während normalerweise auf diesem traditionellen Herbstmarkt neben den üblichen Fahrgeschäften und Verkaufsständen Pkw-Oldtimer und landwirtschaftliche Geräte im Vordergrund stehen, gab es diesmal reichlich Dampftechnik zu sehen. So trieb eine Dampflokomobile eine Dreschmaschine an und mehrere Modellbauer führten ihre dampfenden Kunstwerke vor. Unübersehbar war in Vechta der bullige Dampftraktor eines Sammlers aus den Niederlanden, der auf dem Festgelände Rundfahrten unternahm und auch dem Verfasser eine Mitfahrt ermöglichte.

Laut Aufschrift an der Stirnseite heißt die Dampf-Zugmaschine Deep Navigation. Die „betagte Dame" ist Baujahr 1928 und leistete früher in englischen Häfen Dienst. London, Liverpool und bis in die 1980er Jahre ein Steinbruch in Wales waren ihre Stationen, bis sie ein niederländischer Sammler erwarb. Ursprünglich besaß die Dampf-Zugmaschine Vollgummi-Reifen, wurde dann jedoch auf Luftbereifung umgerüstet.

Das Original-Fabrikschild gibt genauere Auskunft: „Super Sentinel, Steam Waggon Makers, The Sentinel Waggon Works Limited Shrewsbury, Waggon No. 7527." Sentinel hat sich als allgemein benutzte Bezeichnung für dampfgetriebene Zugmaschinen in den 1920er Jahren entwickelt. Hergestellt wurden diese Fahrzeuge von der gleichnamigen Firma in Shrewsbury, England und der Firma Richard Garett & Sons Ltd. Leiston, Suffolk. Auffallende Vor- und Nachteile kennzeichnen diese Zugmaschinen: Große Robustheit und hohe Leistung bei niedrigen Betriebskosten stehen auf der einen Seite. Bei 19 bar Dampfdruck und 250 U/min leistet die Maschine etwa 70 PS. Der Nachteil ist die geringe Reichweite. Treibstoff (je nach Gerät Kohle, Koks, Briketts, Holzkohle, Holz oder auch Öl) muss nach 40 km, Wasser nach 25 km nachgetankt werden. Die Anheizzeit, um die Maschine betriebsbereit zu machen, beträgt 30 Minuten. Der „Motor" ist eine liegende Zweizylinder-Dampfmaschine zwischen den Achsen, die Kraftübertragung erfolgt durch Gliederketten auf die Hinterräder und das Gesamtgewicht der Zugmaschine beträgt bei voller Beladung etwa 8 000 kg = 8 to.

Dampf – Traktor in Zuidlaren

Da die Holländer bekanntermaßen eine Vorliebe für Antiquitäten im weitesten Sinne haben, kann man bei ihnen fündig werden, auch was Dampftraktoren

Zu Gast beim Stoppelmarkt in Vechta: Dampf-Zugmaschine, Leistung etwa 70 PS; Baujahr 1928, später auf Luftbereifung umgerüstet, im Besitz eines niederländischen Sammlers

Dampftraktoren als Exoten **61**

Englischer Dampftraktor im Molenmuseum „De Wachter" in Zuidlaren derzeit in Restaurierung. Die Arbeit zur Restaurierung wird von ehrenamtlichen Kräften („Vrijwilligers") ausgeführt

betrifft. In Zuidlaren, 15 Kilometer südöstlich von Groningen, kann man das Molenmuseum „De Wachter" besichtigen. Im Gebäudekomplex der Windmühle von 1851 sind mehrere Dampfmaschinen ausgestellt und ein Dampftrecker, den ein privater Sammler dem Mühlenmuseum übergeben hat.

Beim Besuch des Molenmuseums im Juni 2007 waren einige ehrenamtliche Helfer dabei, den Dampftraktor von Grund auf zu restaurieren. Um das Gerät wieder betriebsbereit zu machen, sind umfangreiche Arbeiten zu erledigen, die wohl noch ein gutes Jahr in Anspruch nehmen werden. So mussten zum Beispiel alle Siederohre im Kessel erneuert und eingesetzt werden. Ein Fabrikschild ist am Dampftrecker nicht mehr vorhanden, aber ein Schild am Bedienstand mit der Aufschrift „Boiler to be washed out every fortnight" (Kessel muss alle zwei Wochen gereinigt werden) verrät seine englische Herkunft. Die Leistung des schmalspurigen Dampftraktors dürfte bei etwa zehn PS liegen.

Ein Besuch des Molenmuseums ist sehr zu empfehlen, da außer mehreren Dampfmaschinen und einer großen Dampflokomobile (Fa. Marshall & Sons, Fabrik-Nr. 85 220, Baujahr 1930, Leihgabe aus Sappemer/NL) Korn- und Ölmahlmühlen vorgeführt werden. Wenn man im Bakkerswinkel einen leckeren Molenpannenkoken verzehrt hat, ist der krönende Abschluss eine Rundfahrt auf den Kanälen mit dem „Stoomraderboot De Jonge Wachter". Dabei handelt es sich um einen natürlich mit Dampfkraft betriebenen Mini-Raddampfer, den de „Vrijwilligers van de Wachter" in Eigenleistung gebaut haben.

Zuglokomobile in Uithuizen

Im Jahr 1859 begann Heinrich Gottlieb Lanz (1838-1905) in Friedrichshafen am Bodensee mit dem Vertrieb von Landmaschinen. Ab 1879 bildeten im Filialbetrieb in Mannheim Dampflokomobile den Hauptabsatz. Bevor Lanz Dampfmaschinen in Eigenfertigung herstellte, verkaufte er englische Lokomobile der Firmen Clayton & Shuttleworth in Lincoln und Fowler in Leeds. Somit passt es recht gut zusammen, dass ein Landwirt in Uithuizen (nordwestlich von Delfzyl in der Provinz Groningen) sowohl eine Clayton als auch Lanz-Zuglokomobile in seiner privaten Sammlung besitzt. Dies waren die Informationen aus dem Dampfmaschinenregister.

Beim Eintreffen in Uithuizen fand sich in der Scheune eine dritte Zuglokomobile, Fabrikat Kemna-

Schild am Bedienstand des Dampftraktors: Alle zwei Wochen muss der Kessel gereinigt werden

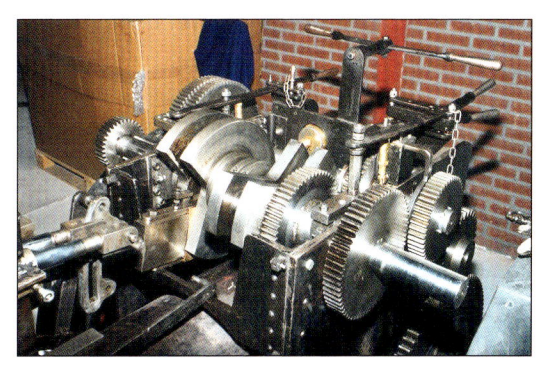

Blinkende Wellen, Pleuel und Zahnräder am Dampftraktor in Zuidlaren. Die derzeitige Restaurierung erlaubt Einblicke in sein Innenleben

Breslau, Baujahr ungefähr 1920. Am Kessel der Clayton-Maschine, die demnächst aufgearbeitet werden soll, ist das originale Fabrikschild erhalten: „Hofherr-Schrantz Clayton-Shuttleworth Nr. 55581, Baujahr 1915". Die umfangreiche Sammlung, untergebracht in mehreren Scheunen und einer neuzeitlichen geräumigen Halle, besticht durch die Vielzahl der Exponate. So beeindruckt der riesige Kessel einer Dampfmaschine der Firma R. Wolf Buckau-Magdeburg, Fabrik-Nr. 25326, Baujahr 1936, 15 Atm. und ein Caterpillar Riesen-Raupenschlepper CAT D9,

Dampf-Zuglokomobile Fabrikat Kemna-Breslau, um 1920, in Uithuizen (NL) als seltenes Industriedenkmal

64 Dampftraktoren als Exoten

Baujahr 1959 mit 35 to Gewicht und 350 PS Leistung des Dieselmotors.

Den Schwerpunkt der Sammlung bilden Lanz-Bulldog-Trecker. Die Palette reicht vom 22-28 PS Trecker mit Eisengitterreifen (Motor- und Wagen Nr. 49 915) über Lanz-Bulldog mit 55 PS (Nr. 147 020) Baujahr 1939 bis zum Typ 6016 mit 60 PS, (Nr. 752 423), Baujahr 1957. Dieser wuchtige Bulldog sprang bei der Vorführung auch prompt an und beeindruckt durch seine Top-Erhaltung. Außerdem fuhr der private Sammler zwei restaurierte Lanz-Lokomobile zum Fotografieren auf das Hofgelände: Lanz Nr. 38 039, Baujahr 1919 und Lanz Nr. 39 058, Baujahr 1925 mit Lentz-Ventilsteuerung. Besonders selten dürfte auch der 55 PS Lanz Raupen-Bulldog sein, der ab 1937 gebaut wurde.

Traktorenmuseum Kempen, Kempener Straße 33, 32805 Horn-Bad Meinberg, OT Kempen; Tel.: 05255-236; Fax: 05255-1375; e-mail: j.glitz@traktorenmuseum.de; Internet: www.traktorenmuseum.de

Dampf-Zugmaschine „Deep Navigation"; Jan Brinksma, Steenwijkerdwarsweg 15, NL-8316 RD Marknesse; Tel.: 0031-5273-1923 oder 5220-52494; Fax: 0031-5220-60767

Molenmuseum De Wachter, Havenstraat 36, NL-9471 AM Zuidlaren; Tel.: 0031-50-4094501 oder 4090308; Fax: 0031-50-4094812; e-mail: info@dewachter.nl; Internet: www.dewachter.nl

Gebr. Middendorp, Bovenhuizen 10, NL-9981 HB Uithuizen; Tel.: 0031-595-431978; Private Sammlung, nur nach Voranmeldung zu besichtigen

Original-Fabrikschild am Kessel der Dampf-Zuglokomobile mit Angabe von Dampfdruck, Fabrik-Nummer und Baujahr

Kessel einer Hofherr-Schrantz Clayton-Shuttleworth-Zuglokomotive in Uithuizen: Restaurierung geplant

Dampftraktoren als Exoten

Ein weiterer „Schatz" in Uithuizen: Dampf-Zuglokomobile Fabrikat Heinrich Lanz, Mannheim

66 Dampftraktoren als Exoten

Schlüter-Fan aus Leidenschaft

von Oliver Aust

Ferdinand Markmann begann 1952 eine Lehre als Landmaschinenmechaniker in einer Schlütervertretung. 1967 absolvierte er seine Meisterprüfung in dem erlernten Beruf und gründete ein Lohnunternehmen. Heute besitzt er sechs Mähdrescher, drei Häcksler und mehrere Schlepper. Seit 1992 sammelt er Schlüter Traktoren. Mittlerweile befinden sich zehn dieser Schlepper in seinem Besitz. In jahrelanger Arbeit hat er einen nach dem anderen wieder restauriert und das Ergebnis kann sich sehen lassen. Der älteste Schlepper dieser Sammlung ist ein Schlüter DS 25 des Baujahrs 1952. Des weiteren gehören zu seiner Sammlung die Schlüter Traktoren AS 22, AS 30, AS 15, SF 20 D, S15 M, ASL 130, S 35, S 50 und ein Super 350. Da Ferdinand Markmann auch zu Ausstellungen fährt, hat er ein eigenes System ausgeklügelt, mit dem er in der Lage ist, seine Oldtimer hintereinander zu ziehen. Wie ein Zug folgt ein Schlepper dem anderen, ob Kurven oder gerade Strecken. Mit Feststellschrauben hat er die Achse jedes einzelnen Schleppers so justiert, das alle den gleichen Lenkwinkel erreichen. Dieses System ermöglicht den Transport von allen zehn Schleppern durch eine Person.

Schlüter DS 25
Der älteste Schlüter aus der Sammlung, der DS 25, ist mit einem zwei Zylinder Motor mit 28 PS ausgestattet, Leergewicht 1 990 kg. Erstzulassung am 3. November 1952, Produktionszeit von 1949 bis 1954, Auflage 3 196 Exemplare

Schlüter AS 22
Schlüter AS 22 von 1953 mit wassergekühltem 2-Zylinder Motor mit 22 PS, Hubraum 2356 cm³. Das Leergewicht beträgt 2 000 kg, Bereifung vorn 5,5 – 16, hinten 10 – 28. Der AS 22 füllte als Zwei-Zylinder-Schlepper die Lücke zwischen dem DS 15 und dem DS 25. Gebaut wurde er von 1953 bis 1956. Die Produktionszahl dieser Modelle betrug 2 706 Stück

Schlüter AS 30
Auch der AS 30 ist mit einem wassergekühlten 2-Zylinder Motor ausgerüstet. Der 30 PS starke Schlepper wurde als Nachfolger des DS 25 von 1954 bis 1957 nur 597mal gebaut. Bereifung vorne 6,50 – 20, hinten 12,4 – 28

Schlüter AS 15
mit wassergekühltem 1-Zylinder Motor mit 15 PS, Hubraum 1547 cm³, Leergewicht 1 300 kg, Erstzulassung am 6 Juli 1955. Bereifung vorn 5,50 – 16, hinten 9,5 – 24. Mit dem AS 15 erweiterte Schlüter das Programm nach unten. Im Gegensatz zum DS 15 besaß dieser Schlüter das neue Hurth-Getriebe G 85. Produziert wurden von 1953 bis 1956 insgesamt 3 306 Stück

Schlüter Fan aus Leidenschaft

Schlüter SF 20 D
mit 2 494 cm³ Hubraum und 20 PS. Der Schlepper hat ein Leergewicht von 1 560 Kilogramm. Erstzulassung am 29. Januar 1962, Bereifung vorn 5,0 – 16 AS, hinten 10 – 28 AS. Der damalige Verkaufspreis lag bei 8 250 DM, Auflage 300 Exemplare

Schlüter S 15 M
mit 15 PS Einzylinder-Viertakt Motor, Erstzulassung am 22. Dezember 1959, Leergewicht 1 400 kg t bei 1 900 Kilogramm, Bauzeit von 1959 bis Anfang 1962, Auflage 560 Einheiten Dem S15 M stehen sechs Vorwärtsgänge und ein Rückwärtsgang zur Verfügung

Schlüter ASL 130
Dieser Traktor wurde von 1957 bis 1958 in einer Auflage von 650 Exemplaren gebaut. Besonderheit: luftgekühlter Motor. Die Erstzulassung dieses kleinsten Schlüter überhaupt erfolgte am 14. November 1958

Schlüter S 35
Von 1959 bis zur Produktionseinstellung 1961 wurden 400 Exemplare auf den Markt gebracht. 1961 gab eine Überholung des Motors, der nun eine Leistung von 38 PS hatte. Der S 35 hat einen um 88 Milimeter kürzeren Radstand, als die schwächeren Zweizylinder Traktoren S 20 und S 25. Bereifung vorn 6 – 20, hinten mit 11 – 32. Der Verkaufspreis lag damals bei 12 250 DM

Schlüter Super 350
186 mal wurde der Super 350 von 1967 bis 1972 gebaut. Der wassergekühlte Dreizylinder mit 34 PS hat 1496 cm^3 Hubraum. Leergewicht 2 120 kg, Bereifung vorne 6 – 19, hinten 12,4 – 28. Außerdem wurden Varianten mit 35 PS und 42 PS angeboten

Schlüter S 50
Bauzeit 1961 bis 1963, Auflage 4830 Einheiten. Zwei Motorvarianten wurden angeboten: ASM 500 und ASM 503. Das ZF Getriebe hat acht Vorwärts- und vier Rückwärtsgänge. Ab Juni 1962 gab es für sämtliche Typen eine neu gestaltete Motorhaube. Dieser S 50 ist mit folgender Bereifung ausgestattet: Vorne 6,50 – 20, hinten 14 – 30

Hoffmann-Straßenschlepper aus Hannover

von Stefan von der Ropp-Brenner

Seit den dreißiger Jahren des letzten Jahrhunderts stellte die Firma Hanno in Hannover-Laatzen kleine und mittelschwere Straßenschlepper her, die durchaus solide und zweckmäßig konstruiert waren. Friedrich Karl Hoffmann gründete und leitete die Hannoversche Fahrzeugfabrikation (Hanno) und war neben Primus (Johannes Köhler Traktorengesellschaft in Berlin-Lichtenberg), Miag (Mühlenbau und Industrie AG in Frankfurt, Braunschweig und Ober-Ramstadt) und Deuliwag (Deutsche Lieferwagen-Gesellschaft in Berlin-Tegel) ein bedeutender Hersteller von Zugmaschinen für das innerstädtische Transportgewerbe. Somit gaben sich zwei deutsche Ackerschlepper- beziehungsweise Zugmaschinenproduzenten in der Leinestadt ein Stelldichein: Die große Hanomag in Hannover-Linden und die besagte kleine Hanno in Hannover-Laatzen. Die in recht ansehnlichen Stückzahlen gefertigten Straßenschlepper wurden mit Junkers Gegenkolben-Dieselmotoren und Deutz-Dieselmotoren in Front- und Heckanordnung ausgestattet. Der Leistungsbedarf an Straßenzugmaschinen lag im unteren und mittleren Bereich in den späten dreißiger Jahren bis Mitte der vierziger Jahre bei neun bis 28 PS. Diese Anforderungen wurden von der Hanno mit den Typen S35, S136, R22 und S236/5 abgedeckt.

Der S35 wurde von Hoffmann als Kleinschlepper mit anfangs sieben bis neun PS, wenig später mit zehn PS auf den Markt gebracht. Als Antrieb diente ein Einzylinderviertakt-Dieselmotor von Deutz mit Wasserumlaufkühlung. Dieser zehn PS-starke Motor mit

Modell S 236
mit 4-Gang-Getriebe

Mod. S 236/5
mit 5 Gang-Getriebe

25/28 PS mit

JUNKERS Dieselmotor

Gerader U-Profilrahmen ohne jede Kröpfung, durch 5 Quertraversen versteift, vorn und hinten Halbelliptikfedern aus Mangan-Silicium-Stahl, daher erschütterungsfreies Fahren

Zweizylinder JUNKERS-Gegenkolben-Dieselmotor, auf Schwingmetall gelagert, ruhiger Lauf

Keine Ventile und Ventilgestänge / Kein Zylinderkopf
Keine Vorkammer / Kein langwieriges Anheizen / Keine Zündkerzen / Keine Zündpapiere / Kalt anspringend / Bester Massenausgleich

Elektrischer Anlasser

Großer Aktionsradius — Brennstoffbehälter 240 Liter
Thermosyphonkühlung mit vierflügeligem Ventilator
Kraftübertragung über nachstellbare Einscheiben-Trockenkupplung, angeblocktes Getriebe, Kardanwelle mit zwei Doppelgelenkscheiben auf Differential-Hinterachse — Geschmeidiges Anfahren
Wirksames Greifen der Hinterräder durch Hebelkraft ausübende Anhängekupplung
Geräumiges, dreisitziges Führerhaus
Formenschöner, automobilmäßiger Gesamtaufbau

LEISTUNG: Modell S 236: 7—8 Tonnen Anhängelast bei 38 Kilometer stündlich
Modell S 236/5: 7—8 Tonnen Anhängelast bei 38 Kilometer stündlich im 5. Gang und 15 Tonnen Anhängelast bei 26 Kilometer stündlich im vierten Gang, im Dauerbetrieb fahrbar. Brennstoffverbrauch: 3,2 kg Gasöl stündlich Führerscheinpflichtig. Jahressteuer nur RM 252.
Gipfel der Rentabilität durch Zusammenfassung von Schnell- und Schwer-Transporten in einem Schlepper. Leerfahrten im Leergang.

Der Junkers-Motor weist infolge seiner Doppelkolben-Bauart, seiner ventillosen Brennstoffeinspritzung mittels offener Düse und seiner Spülung ganz besondere Vorbedingungen für einen günstigen Brennstoffverbrauch, d. h. billigen Betrieb auf. Er vermeidet Betriebsstörungen, weil er keine Ventile, kein Ventilgestänge, keinen Zylinderkopf, keine Hochdruckdichtungen und Verschraubungen im Zylinder usw. besitzt. Er ist ausgesprochen robustem Betrieb gewachsen und erfordert wenig Bedienung. Die Gegenläufigkeit der Kolben ergibt guten Massenausgleich, hohe Standsicherheit und ruhigen Gang!

HANNOVERSCHE FAHRZEUGFABRIKATION
FRIEDRICH KARL HOFFMANN, HANNOVER
Fabrik und Geschäftsräume: Hannover-Laatzen, Adolf-Hitler-Straße 7. Fernruf 8 46 19

1400 U/min wurde quer über der Hinterachse als Heckmotor eingebaut, wodurch sich eine günstigere Traktion der Antriebsräder ergab, welches wiederum zum Vorteil wurde, wenn schwere Lasten zu bewegen waren. Das Fahrgestell wurde aus starrem, verwindungsfestem U-Profilrahmen hergestellt. Das Getriebe wies drei Vorwärtsgänge und einen Rückwärtsgang auf, wobei die Höchstgeschwindigkeit bei 16 km/h lag. Laut damaligem Verkaufsprospekt handelte es sich hierbei um ein im eigenen Werk hergestelltes Spezialgetriebe, das direkt durch eine Einscheibentrockenkupplung mit dem Motor verbunden wurde. Die Vorderachse war durch Längsfedern gedämpft und mit dem Rahmen verbunden. Die Zugkraft des 1 150 Kilogramm schweren Straßenschleppers betrug 6,5 Tonnen bei einem Radstand von 1,62 Meter. Der Deutz-Dieselmotor wurde von Hand mit der Kurbel angelassen. Als Standardausrüstung gab es eine sechs Volt Lichtanlage, ein dreisitziges Führerhaus mit Kurbelfenstern und abschließbaren Türen, Anhängekupplung und Werkzeugsatz. In dieser Grundausführung musste der Käufer 3550 Reichsmark bezahlen. Als Sonderausstattung gab es den S35 mit Riemenscheibe, Sicherheitsanhängekupplung, Schnellgang, Stoßstange und Glühkerzen.

Das Modell S136 hatte einen 12-14 PS starken Junkers-Gegenkolbendieselmotor mit einem Zylinder im Zweitaktverfahren arbeitend und mit einer Drehzahl von 1500 U/min. Die Thermosyphonkühlung erfolgte über einen Lamellenkühler mit Ventilator. Der ebenfalls als Heckmotor eingebaute Junkers Dieselmotor übertrug seine Kraft über ein Hanno-Dreigangspezialgetriebe. Dieses Getriebe erlaubte eine Höchstgeschwindigkeit von 18 km/h und wies einen Rückwärtsgang auf. Eine Einscheiben-Trockenkupplung verband auch hier den Motor mit dem Getriebe. Die Vorderachse war ebenfalls durch Längsfedern mit dem Rahmen verbunden und gedämpft. Der 1 300 Kilogramm schwere S136 hatte eine Zugkraft von neun Tonnen bei einem Radstand von 1,74 Meter. Die Standardausführung gab es mit elektrischem Anlasser durch Druckknopfbetätigung, einer kompletten zwölf Volt Lichtanlage, einem dreisitzigen Führerhaus mit Kurbelfenstern und abschließbaren Türen, eine feste Anhängekupplung plus Werkzeugsatz für 4580 Reichsmark. Gegen Aufpreis gab es den Hanno S136 mit Riemenscheibe, Schnellgang, Stosstange und Sicherheitsanhängekupplung.

Der Hanno R22 war mit einem 20-22 PS starken Deutz-Dieselmotor in Zweizylinder Viertaktbauart mit Wasserumlaufkühlung ausgestattet. Diesmal wurde das Herz des Schleppers vorne als Frontmotor eingebaut. Es ergab sich eine optimale Drehzahl von 1500 U/min. Der Motor übertrug seine Kraft über eine Einscheibentrockenkupplung auf ein Vierganggetriebe der Zahnradfabrik Friedrichshafen. Das Getriebe erlaubte 28 km/h Höchstgeschwindigkeit. Die Vorder-und Hinterachse war beim R22 gefedert. Die mit Zusatzgewicht 2 300 Kilogramm schwere Zugmaschine konnte eine Zugkraft von fast zwölf Tonnen bei 20 km/h entwickeln. In Normalausführung gab es eine komplette 12-Volt Lichtanlage, ein dreisitziges Führerhaus, einen elektrischen Anlasser, eine feste Anhängekupplung, eine große Stosstange und einen kompletten Werkzeugsatz für 6 100 Reichsmark. Als Sonderausrüstung gegen Mehrberechnung gab es ein Reserverad, ein Zusatzgewicht, hintere Zwillingsbereifung, Riemenscheibe, Druckluftbremsanlage und eine Sicherheitsanhängekupplung.

Das Modell S236 beziehungsweise S236/5 wurde von einem 25-28 PS starken Junkers-Gegenkolbendieselmotor angetrieben. Dieser Zweizylinder-Zweitaktmotor wurde wiederum als Frontaggregat eingebaut und war wassergekühlt. Per Druckknopfbetätigung konnte der Motor durch den elektrischen Anlasser gestartet werden. Wie bei allen Hoffmann-Straßenzugmaschinen wurde auch hier das Fahrgestell aus verwindungsfestem U-Profilrahmen zusammengeschweißt. Beim S236 kam ein Vierganggetriebe von ZF zum Einbau, während beim S236/5 ein Fünfganggetriebe vom gleichen Hersteller eingebaut wurde. Die Höchstgeschwindigkeit lag mit dem Fünfganggetriebe bei 38 km/h, beim Vierganggetriebe bei 28 km/h. Beide Achsen waren auch hier gefedert. Ein Kraftstofftank von 240 Liter ermöglichte dem Fahrzeug einen großen Aktionsradius. Die 2600 kg wiegende Zugmaschine konnte eine Anhängelast von 15 Tonnen bewegen. Die Standardausführung beinhaltete eine komplette 12-Volt Lichtanlage, einen elektrischen Anlasser, ein dreisitziges Führerhaus, eine große Stoßstange, Anhängekupplung und Werkzeugsatz. Gegen Sonderberechnung gab es ein Reserverad, Zusatzgewicht, Riemenscheibe, Sicherheitsanhängekupplung und eine Druckluftbremsanlage.

LEISTUNG:

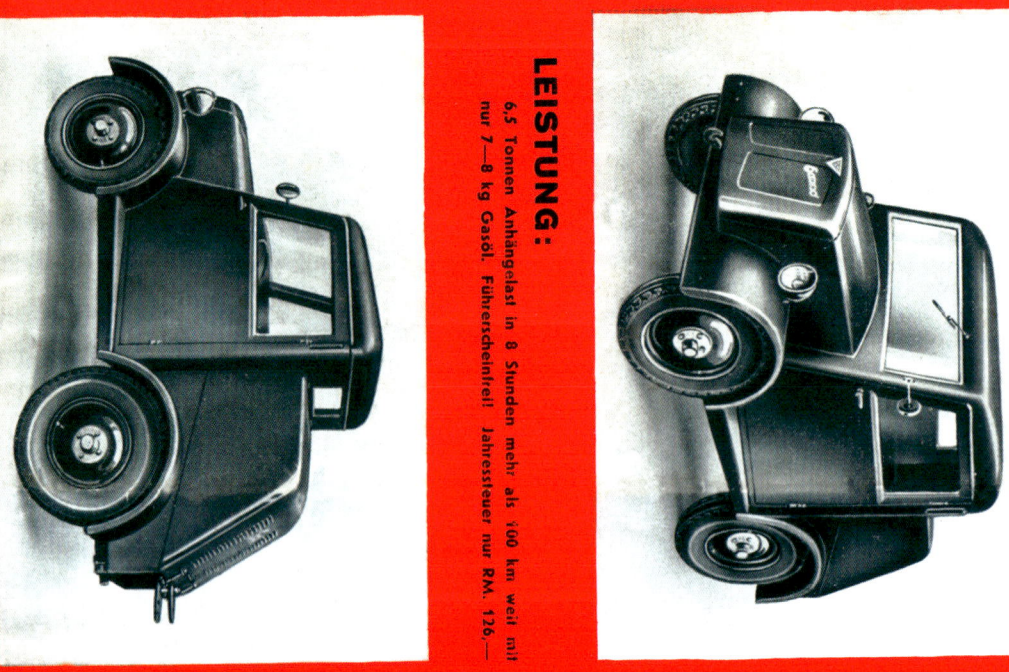

6,5 Tonnen Anhängelast in 8 Stunden mehr als 100 km weit mit nur 7—8 kg Gasöl. Führerscheinfrei! Jahressteuer nur RM. 126,—

MOTOR

Modell S 35
7/9 PS mit
DEUTZ-Dieselmotor
Differential-Hinterachse (keine Ketten)

Starrer, verwindungsfreier U-Profil-rahmen, nicht gekröpft, daher erschütterungsfreier Lauf des Motors

Motor vollkommen geschützt, trotzdem leicht zugänglich

Besonders stark konstruierte, sachgemäß abgestützte Spezial-Hinterachse, um bei Überlastung Achs- und Zahnradbruch zu vermeiden

Wirksames Greifen der Hinterräder durch Hebelkraft ausübende Anhängekupplung

Stabiles Führerhaus, ganz geschlossen, mit Schiebefenstern, sehr großes Rückfenster

Beschleunigung des Motors durch feststellbaren Fußhebel

Sämtliche Bedienungshandgriffe denkbar einfach und schnell durch zweckentsprechende Anordnung

Maulkupplung

Leichte Zugänglichkeit zu allen Teilen des Motors durch fachgemäß richtigen Einbau und aufklappbare Haube. Anwerfen des Motors durch Rechtsdrehen. Gegen Schub- und Zug doppelt abgestützte Anhängekupplung. Zweckmäßige

Was müssen Sie als Verantwortlicher Ihres Betriebes beim Ankauf von Zugmaschinen mit Dieselmotor beachten!

Der Rahmen soll gradlinig und ohne Kröpfungen sein, weil allein hierdurch der höchste Grad der Festigkeit gegen Dauerbeanspruchung erreicht wird.

Das Ideal eines Dieselmotors für Zugmaschinen ist eine weich, aber doch kräftig arbeitende Maschine, die aus dem stationären Betrieb entwickelt und dazu so konstruiert ist, ständig unter Höchstbelastung zu arbeiten. Motoren z. B., die sich in Personenwagen glänzend bewähren, sind noch längst nicht für Dauerhöchstbeanspruchungen in Schleppern geeignet. Kurbelwelle, Lager und alle sonst beweglichen Teile des Motors, auch bei geringer Drehzahl der Maschine, müssen stark genug sein, um die dann auftretenden enormen Lagerdrucke,

Formenschönheit usw. aushalten zu können. Vor allen Dingen muß er breite und starke Lager haben. Je einfacher aber der Motor ist, um so geringer sind Verschleiß und Reparaturen. Ein noch so starker Motor kann seine Kraft nicht voll hergeben bzw. kann nicht voll ausgenutzt werden, wenn nicht die Belastungsfrage der Triebachse einwandfrei gelöst ist. Das Einfachste und Beste ist, das große Motorgewicht dadurch auszunutzen, daß der Motor über der Hinterachse angeordnet wird. Wenn außerdem durch Höherlegen der Anhängekupplung die Hinterachse im Augenblick des Anziehens noch eine Mehrlast von ca. 250 kg bekommt, so kann man wohl von einer idealen Lösung dieses Problems sprechen. Zugmaschinen mit vorn liegenden Motoren müssen auf der Hinterachse große Zusatzgewichte erhalten, damit sie genügend Bodendruck bekommen.

Änderungen in Konstruktion und Ausführung vorbehalten!

Durch aufklappbare Haube freier Zugang zu allen Maschinenteilen.

HANNOVERSCHE FAHRZEUGFABRIKATION
FRIEDRICH KARL HOFFMANN, HANNOVER

Fabrik und Geschäftsräume: Hannover-Laatzen, Adolf-Hitler-Straße 7, Fernruf 84619

Generalvertretung:

Bernh. Wesselmann, Magdeburg

Molke-Straße 7, Ecke Otto-von-Guericke-Straße — Fernsprecher 422 25

Der mittelstarke **KLEINSCHLEPPER**

Modell S 136 12/14 PS mit **JUNKERS-Dieselmotor**

in bewährter Konstruktion und Ausführung für alle Betriebe, die schweres Gut mit denkbar niedrigsten Unkosten über mittlere Entfernungen befördern, ersetzt im Pendelverkehr 4 bis 5 Pferde, ist anspruchslos in der Pflege, einfach in der Handhabung und jederzeit einsatzbereit. Formenschön! Beste Konstruktion und solide Werkmannsarbeit.

Nicht gekröpfter, verwindungsfester U-Profilrahmen. Elektrischer Anlasser. Sämtliche Bedienungshebel im Führerhaus, Thermosyphonkühlung mit Ventilator, Motor vollkommen geschützt, trotzdem leicht zugänglich. Differential-Hinterachse (keine Ketten). Wirksames Greifen der Hinterräder durch Hebelkraft ausübende Anhängekupplung. Stabiles, geschlossenes Führerhaus. Durch aufklappbare Haube freier Zugang zu allen Maschinenteilen. Niedriger Brennstoffverbrauch. Äußerst geringer Schmierölbedarf. Hohes Anzugsmoment. Weiches Anfahren. Leichtes Anlassen auch bei niedrigen Temperaturen durch elektrische Anlaßvorrichtung.

Hannoversche Fahrzeugfabrikation
Friedrich Karl Hoffmann / Hannover-Laatzen

Fabrik und Geschäftsräume: Hannover-Laatzen, Adolf Hitler-Straße 7 / Fernsprecher 8 46 19

TECHNISCHE EINZELHEITEN DES MODELLS S 136

Fahrgestell:
Starrer, verwindungsfester, elektrisch geschweißter U-Profilrahmen (kein Winkeleisen), daher absolut ruhiger Stand der Maschine in jedem Drehzahlbereich.

Motor:
Stehend über der Hinterachse angeordnet, Fabrikat Junkers in Hanno-Spezialausführung, Einzylinder mit Doppelkolben (gegenläufig) im Zweitakt arbeitend, bei etwa 1500 Umdrehungen min. 12/14 PS, Bohrung 65 mm, Gesamthub 210 mm, Zahnradölpumpe, Drehzahlverstellung vom Führersitz durch feststellbaren Fußhebel, mehrfache Brennstoffiltrierung, ölbenetzter Luftfilter außerhalb der Motorabdeckung, gut ausgeglichener Lauf, gute Schalldämpfung.

Kühlung:
Thermosyphon-Kühlung mit Lamellenkühler und großem Ventilator, Wasserinhalt etwa 20 Liter.

Getriebe:
Hanno-Spezialausführung direkt mit dem Motor durch Einscheiben-Trockenkupplung (mit Torsionsdämpfer) verbunden, geräuschlose Kugelschaltung, 3 Vorwärtsgänge, 1 Rückwärtsgang.
Geschwindigkeit im großen Gang 18 Stundenkilometer.

Vorderachse:
Doppel-T-Profil, Räder auf Wälzlagern laufend, mit Rahmen durch halbelliptische Längsfedern verbunden.

Hinterachse:
Hanno - Spezialausführung, spiralverzahnte Kegelräder, Differential, direkte Befestigung im Motorträger, außerdem noch doppelte Abstützung zum Rahmen.

Räder:
Scheibenräder
  vorn 3,25 D × 16", hinten 4,50 × 16",
Bereifung 4fach:
  vorn 5,00 × 16" extra, hinten 6,50 × 16" extra.

Lenkung:
Schraubenlenkung links, nachstellbar, bewährte Bauart.

Bremsen:
Handbremse auf Vorderräder, Fußbremse auf Hinterräder wirkend, nachstellbar.

Kraftstoffbehälter:
Verdeckt vor dem Motor angeordnet, Inhalt etwa 45 Liter.

Elektrische Anlage:
Bosch-Lichtmaschine 12 Volt / 90 Watt, Bosch-Anlasser durch Druckknopf vom Führerhaus aus betätigt, 2 Batterien, jede 6 Volt, 85 Amp.-Stunden.

Beleuchtung:
2 Scheinwerfer mit Fern-, Abblend- und Standlichtlampen, 2 Schluß- und 1 Stopplicht, elektrische Fahrtrichtungsanzeiger, elektrisches Signalhorn, elektrischer Scheibenwischer, Anhänger-Lichtsteckdose, Winker und Fernlichtkontrollampen auf dem Armaturenbrett.

Fahrgestellschmierung:
Durch Hochdruck-Fettpresse.

Gewichte und Maße:
Etwa 1300 kg betriebsfertig, Länge über alles 3,32 m, Breite 1,60 m, größte Höhe 1,78 m, Radstand 1,74 m, Spurweite 1,32 m, Wenderadius 3,60 m.

Änderungen in Konstruktion und Ausführung vorbehalten.

	Betriebskosten	Geschwindigkeit	Anhängelast	Tagesleistung
Modell S 136 mit **Junkers - Diesel - Motor**	ca. RM 2.— bei achtstündigem Dauerbetrieb	18 km die Stunde	9 t	144 km in 8 Stunden
Ein Pferdegespann (Zweispänner)	RM 5.— bis 7.— der Tag	5 km die Stunde	6 t Durchschnitt	höchstens etwa 50 km in 8 Stunden
Ihr wirtschaftlicher Vorteil:	**Sie sparen etwa 70 Prozent**	**Sie fahren über 3 mal so schnell**	**Sie ziehen bis 3 t mehr**	**Sie schaffen also fast das Dreifache bei viel geringeren Kosten**

Preis:

Komplett mit elektrischer Lichtanlage, elektrischem Signalhorn, elektrischem Anlasser, elektrischen Winkern, elektrischem Scheibenwischer, mit Motorabstellvorrichtung im Führerhaus, abschließbaren Türen mit Kurbelfenstern, reichlichem Werkzeug, ab Werk ausschließlich Verpackung und Versicherung

RM 4580.—

Sonderausrüstungen:

Riemenscheibe für Kraftabgabe, Sicherheitskupplung, erhöhte Geschwindigkeit, Stoßstange, Sicherheitsglas usw. gegen Extraberechnung.

Der robuste KLEINSCHLEPPER

Modell S 35, 10 PS mit **DEUTZ-Dieselmotor**

beweist mit seiner sprichwörtlichen Anspruchslosigkeit, welche Annehmlichkeiten ein Schlepper dem Besitzer gegenüber Pferdebetrieb bringt. Er spart Unkosten und macht sich in denkbar kurzer Zeit bezahlt. Ein Schlepperzug ist leistungsfähiger, er macht keine Unkosten, wenn er nicht benutzt wird, schützt Fahrer und Begleiter und ist so die rentabelste Kapitalanlage für jeden Betrieb. Vorbildlich in Konstruktion und Leistung!

Nicht gekröpfter, verwindungsfester U-Profilrahmen, daher fester Stand des Motors. Motor vollkommen geschützt, trotzdem leicht zugänglich. Besonders stark konstruierte, sachgemäß abgestützte Spezialhinterachse, um bei Überlastung Achs- und Zahnradbruch zu vermeiden. Differential-Hinterachse (keine Ketten). Wirksames Greifen der Hinterräder durch Hebelkraft ausübende Anhängekupplung. Stabiles Führerhaus, ganz geschlossen. Beschleunigung des Motors durch Fußhebel. Niedrigster Brennstoffverbrauch. Sehr geringer Schmierölbedarf. Gutes Anzugsmoment. Weiches Anfahren durch Kupplung mit Torsionsdämpferscheibe.

Hannoversche Fahrzeugfabrikation
Friedrich Karl Hoffmann / Hannover-Laatzen

Fabrik und Geschäftsräume: Hannover-Laatzen, Adolf Hitler-Straße 7 / Fernsprecher 8 46 19

TECHNISCHE EINZELHEITEN DES MODELLS S 35

Fahrgestell:
Starrer, verwindungsfester, elektrisch geschweißter U-Profilrahmen (kein Winkeleisen), daher absolut ruhiger Stand der Maschine in jedem Drehzahlbereich.

Motor:
Quer über der Hinterachse angeordnet, Fabrikat Deutz in Hanno-Spezialausführung, Einzylinder, Viertakt, bei 1400 Umdrehungen min. ca. 8/10 PS, Bohrung 100 mm, Hub 140 mm, Umlaufölung, Drehzahl-Verstellung vom Führersitz durch feststellbaren Fußhebel, mehrfache Brennstofffiltrierung, ölbenetzter Luftfilter, gute Schalldämpfung.

Kühlung:
Umlaufkühlung, Wasserinhalt etwa 60 Liter.

Getriebe:
Hanno-Spezialausführung direkt mit dem Motor durch Einscheiben-Trockenkupplung (mit Torsionsdämpfer) verbunden, geräuschlose Kugelschaltung, 3 Vorwärtsgänge, 1 Rückwärtsgang.
Geschwindigkeit im großen Gang 16 Stundenkilometer.

Vorderachse:
Doppel-T-Profil, Räder auf Wälzlagern laufend, mit Rahmen durch halbelliptische Längsfedern verbunden.

Hinterachse:
Hanno-Spezialausführung, spiralverzahnte Kegelräder, Differential, direkte Befestigung im Motorträger, außerdem noch doppelte Abstützung zum Rahmen.

Räder:
Scheibenräder
    vorn 3,25 D × 16", hinten 4,50 × 16".
Bereifung 4fach:
    vorn 5,00 × 16" extra, hinten 6,50 × 16" extra.

Lenkung:
Schraubenlenkung links, nachstellbar, bewährte Bauart.

Bremsen:
Handbremse auf Vorderräder, Fußbremse auf Hinterräder wirkend, nachstellbar.

Kraftstoffbehälter:
Unter der Abdeckung angeordnet, Inhalt etwa 20 Liter.

Beleuchtung:
Elektrisch, 6 Volt, große Batterie, 2 Scheinwerfer mit Fern-Abblend- und Standlicht-Lampen, 2 Schluß- und 1 Stoplicht, elektrische Fahrtrichtungsanzeiger, elektrischer Scheibenwischer, Anhänger-Lichtsteckdose, Winker- und Fernlichtkontrollampen auf dem Armaturenbrett.

Fahrgestellschmierung:
Durch Hochdruck-Fettpresse.

Gewichte und Maße:
Etwa 1150 kg betriebsfertig, Länge über alles 3,20 m, Breite 1,60 m, größte Höhe 1,78 m, Radstand 1,62 m, Spurweite 1,32 m, Wenderadius 3,50 m.

Änderungen in Konstruktion und Ausführung vorbehalten.

	Betriebskosten	Geschwindigkeit	Anhängelast	Tagesleistung
Modell S 35 mit Deutz-Diesel-Motor	ca. RM 1.50 bei achtstündigem Dauerbetrieb	16 km die Stunde	6,5 t	128 km in 8 Stunden
Ein Pferdegespann (Zweispänner)	RM 5.— bis 7.— der Tag	5 km die Stunde	6 t Durchschnitt	höchstens etwa 50 km in 8 Stunden
Ihr wirtschaftlicher Vorteil:	Sie sparen etwa **80 Prozent**	Sie fahren 3 mal so schnell	Sie ziehen mehr	Sie schaffen also fast das **Dreifache** bei viel geringeren Kosten

Preis:
Komplett mit elektrischer Lichtanlage, elektrischem Signalhorn, elektrischen Winkern, elektrischem Scheibenwischer, abschließbaren Türen mit Kurbelfenstern, reichlichem Werkzeug, ab Werk ausschließlich Verpackung und Versicherung
    RM 3 550.—

Sonderausrüstungen:
Riemenscheibe für Kraftabgabe, Sicherheitskupplung, erhöhte Geschwindigkeit, Stoßstange, Glühkerzen, Sicherheitsglas usw. gegen Extraberechnung.

LEERFAHRTEN IM EILTEMPO
MIT DEM **SCHLEPPER**

Modell R 22, 20/22 PS mit DEUTZ - Dieselmotor
ergeben eine noch bessere Wirtschaftlichkeit des Betriebes, weil größere Entfernungen durch schnellste Rückfahrt zurückgelegt werden. Größere Lasten werden im 3. Gang mit normaler Schleppergeschwindigkeit transportiert. Universelle Einsatzmöglichkeit für alle Transporte machen das Fahrzeug zu einem begehrten Helfer aller Betriebe. Formschöne u. doch sachliche Konstruktion

Nicht gekröpfter, verwindungsfester U-Profilrahmen, Motor an drei Stellen in Schwingmetall gelagert. Größte Zugänglichkeit zu allen Teilen durch vorn zu öffnende Motorhaube. Motor und Getriebe verblockt. Gute Straßenlage durch abgefederte Vorder- u. Hinterachse. Überdimensioniertes Getriebe und Hinterachse. Trotz vornliegenden Motors beste Triebachsbelastung durch großes Zusatzgewicht. Stabiles Führerhaus. Geringster Brennstoffverbrauch bei größter Verwendungsmöglichkeit. Durch große, elektr. Anlaßvorrichtung stete Startbereitschaft. Geringer Ölverbrauch durch allerbeste Kühlung mit großem Ventilator.

Hannoversche Fahrzeugfabrikation
Friedrich Karl Hoffmann / Hannover-Laatzen
Fabrik und Geschäftsräume: Hannover-Laatzen, Adolf Hitler-Straße 7 / Fernsprecher 8 46 19

Technische Einzelheiten des Modells R 22

Fahrgestell:
Gerader, elektrisch geschweißter, verwindungsfester U-Profilrahmen, ohne jede Kröpfung, durch 6 Querträger versteift, vorne und hinten Halbelliptik-Längsfedern aus Mangan-Silicium-Stahl.

Motor:
Zweizylinder-Deutz-Diesel-Motor, 20/22 PS, über Vorderachse auf Schwingmetall in 3 Punkten gelagert, Umdrehungszahl 1500/min., Bohrung 100 mm, Hub 140 mm, Druckschmierung, ölbenetzter Luftreiniger, durch Gummi-Keilriemen angetriebener Windflügel und Lichtmaschine, mehrfache Brennstoff-Filtrierung, gute Schalldämpfung.

Kühlung:
Umlaufkühlung durch Wasserpumpe, Lamellenkühler und Windflügel, Wasserinhalt etwa 20 Liter.

Kupplung:
Einscheiben-Trockenkupplung, leicht nachstellbar.

Getriebe:
Mit Motor verblockt, geräuschlose Kugelschaltung, Fabrikat ZF.
Übersetzungen: 1. Gang 1 : 5,56   2. Gang 1 : 3,05
3. Gang 1 : 1,8   4. Gang 1 : 1
R-Gang 1 : 6,5

Achsen:
Hinterachse Sonderausführung, spiralverzahnte Kegelräder, Differential. Vorderachse als Faustachse massiv im Gesenk geschlagen.

Gelenkwelle:
Stahlrohr mit 2 Gummigewebescheiben.

Räder:
Scheibenräder 5 × 20″-L, Bereifung 4 fach 6,00 Transport × 20″.

Lenkung:
Schraubenlenkung, links, auf Schrägrollenlager.

Bremsen:
Mech. Fuß- und Handbremse, auf alle 4 Räder wirkend, Handbremse feststellbar.

Kraftstoffbehälter:
50 Liter, unter der Vorderhaube angeordnet.

Elektrische Anlage:
Bosch Lichtmaschine 12 Volt 130 Watt, Bosch Anlasser durch Druckknopf betätigt, 2 Batterien je 6 Volt, 150 Ampèrestunden.

Beleuchtung:
2 Scheinwerfer mit Fern-Abblend- und Standlichtlampen, Schluß- und Stopplicht vereinigt, elektrischer Fahrtrichtungsanzeiger, elektrischer Scheibenwischer, elektrisches Signalhorn, Anhängerlichtsteckdose.

Fahrgestellschmierung:
Durch Hochdruckfettpresse.

Gewichte und Maße:
Etwa 2300 kg mit Zusatzgewicht betriebsfertig. Länge über alles 3400 mm, Breite 1780 mm, bei Zwillingsbereifung 2010 mm, Höhe 1900 mm, Radstand 2100 mm, Spurweite 1425 mm, geringster Bodenabstand 210 mm, Wenderadius 4150 mm.

Änderungen in Konstruktion und Ausführung vorbehalten.

Modell R 22 (20/22 PS)

Verbrauch pro Stunde 2 kg Gasöl	RM.	0.38
250 × 8 = 2000 Fahrstunden pro Jahr	RM.	760.–
Steuer pro Jahr	„	204.–
Versicherung pro Jahr, Haftpflicht u. Vollkasko	„	360.–
	RM.	1324.–

also schon bei diesen Steuer-, Versicherungs- u. Betriebskosten **sparen Sie**:

Ausnutzung fast 100-prozentig durch Pendelverkehr

Bei größeren Steigungen Abkoppeln und Nachholen des zweiten Anhängers möglich

Nicht nur große, sondern auch kleine Möbeltransporte mit ganz geringen Kosten möglich

**Vier durchschaltbare Gänge
3. Gang im Dauerbetrieb fahrbar
mit 11,5 Tonnen Nutzlast und 20 km stündlich**

Bei voller Ausnutzung der Zugleistung keine Ueberlastung des Motors, daher längere Lebensdauer

Lastwagen 50/60 PS (2,5 Tonner mit Anhänger)

mit Diesel-Motor			mit Benzin-Motor		
5 kg Gasöl	RM.	0,95	10 l Benzin	RM.	4.–
	RM.	1900.–		RM.	8000.–
	„	375.–		„	375.–
	„	440.–		„	440.–
	RM.	2715.–		RM.	8815.–
	RM.	1391.–		RM.	7491.–

Pendelverkehr unmöglich — geringere Ausnutzung

Steigfähigkeit beschränkt, da ständig die g a n z e Last mitgenommen werden muß

Für kleine Möbeltransporte unrentabel

Keine höhere Belastungsmöglichkeit, 11,5 Tonnen Nutzlast nicht erreichbar

Motor bei Anhängerbetrieb zumeist überlastet, da Endgeschwindigkeit nicht der Motorleistung entspricht
Kurze Lebensdauer durch schnellen Verschleiß

Preis:

Komplett mit elektrischer Lichtanlage, elektrischem Signalhorn, elektrischem Anlasser, elektrischen Winkern und Scheibenwischer, sowie Glühkerzeneinrichtung, mit reichlichem Werkzeug und großer Stoßstange, ab Werk, ausschließlich Verpackung und Versicherung   **RM. 6100.–**

Sonderausrüstungen:

Reserverad, Zusatzgewicht, Zwillingsbereifung, Nebenantriebe für Spillwinde oder Kraftabgabe, Luftdruckbremse für Anhänger, Sicherheitskupplung, Sicherheitsglas usw. gegen Extraberechnung.

Tragschlepper der fünfziger und sechziger Jahre

Zur Schlepper- und Gerätetechnik der fünfziger Jahre

Um das Jahr 1950 waren Basis-Merkmale wie die Motorkühlung noch voll in der Diskussion. Die Luftkühlung schien unter dem Eindruck von VW-Käfer, Porsche-Sportwagen, Deutz-Traktoren, Porsche Traktoren und Eicher-Einzelzylinder-Spezialluftkühlung die Lösung der Zukunft zu sein. Manche Luftkühlungs-Verfechter schalteten große Inserate, in denen in Bild und Text dargestellt wurde, wie viele

von Dr. Heinrich Ostarhild

Zwei Komponenten sind am Anfang dieses Berichtes zu nennen: Der Auftrag von Geschäftsführer Frisch und Personalchef Heß an den Verfasser zur Aufarbeitung bestimmter Bereiche im Holder-Archiv und die dankenswerte Bereitstellung von diversen Werkfotos durch Dr. Herrmann, Leiter des Deutschen Landwirtschaftsmuseums im nahe von Metzingen gelegenen Stuttgart-Hohenheim. Eine sachliche Basis dieses Beitrages findet sich in der Zeitschrift „Der goldene Pflug" Heft 24 (2006) des Deutschen Landwirtschaftsmuseums.

Der 18 PS-Hanomag R 18 aus dem Jahr 1956 mit Zwischenachs-Drillmaschine „Hassia" von Tröster in Butzbach. Die Spurreißer zeigten an, wo der Schlepper nach dem Wenden wieder einfahren kann

Ein Fahr D 88-Tragschlepper mit Zwischenachs-Hackmaschine und Spurauflockerungs-Scharen. Das Nummerschild mit der KN-Nummer (Konstanz) verweist auf den damaligen Standort Gottmadingen

Der 34 PS Hanomag-Perfekt 400-Tragschlepper mit Frontlader beim Unterschieben des Zwischenachs-Hackrahmens. Das Foto läßt die Unübersichtlichkeit der diversen Komponenten erahnen

Hanomag Perfekt 400 mit 32 PS mit Zwischenachs Hackmaschine und Hohlschutzscheiben beim Rübenhacken. Gut sichtbar die Hinterrad-Spurlockerer, weniger gut sichtbar der Seitenmähwerk-Anbau

Wasserkühlungs-Teile (Kühler, Schläuche, Kühlwasserpumpe u.a.m.) bei Luftkühlung entfallen können. Erst später wurde klar, daß sich die Wasserkühlung vollständig durchsetzen würde, wobei die Geräuschentwicklung der (z. T. heulenden) Kühlluftgebläse ebenso eine Rolle gespielt hat wie die Dämpfung der Explosionsgeräusche durch den Kühlwassermantel. In Traktor-Sortimenten, in denen Luftkühlung oder Wasserkühlung zur Wahl standen, verschwand die Luftkühlung Zug um Zug. Ein ähnliche Entwicklung vollzog sich mit dem Basis-Merkmal Allrad-Antrieb, gelegentlich auch Zusatz-Frontantrieb genannt. Freilich gab es auch um 1950 bereits Traktoren wie den 30 PS-MAN-Allradschlepper. Der war deutlich teurer und schwerer, was aber die Leistungsfähigkeit etwa beim Pflügen oder beim Frontlader-Betrieb markant erhöhte. Manche Fachleute betonten die Unterschiede zwischen „Echtem Allrad" oder „Voll-Allrad" zum Zusatz-Allrad. Damit sollten die Allrad-Fahrzeuge mit vier gleichgroßen Rädern gegenüber denjenigen mit kleineren Vorderrädern abgegrenzt werden. Es war kein Wunder, daß die Traktoren mit Zusatz-

Dieser Hanomag C 218 mit Zwischenachs-Drillmaschine mit Bodenradantrieb der Saatgut-Zuteilung vom Schlepper-Hinterrad sollte besonders genau arbeiten. Vorn sieht man auch die Frontlader-Hubzylinder

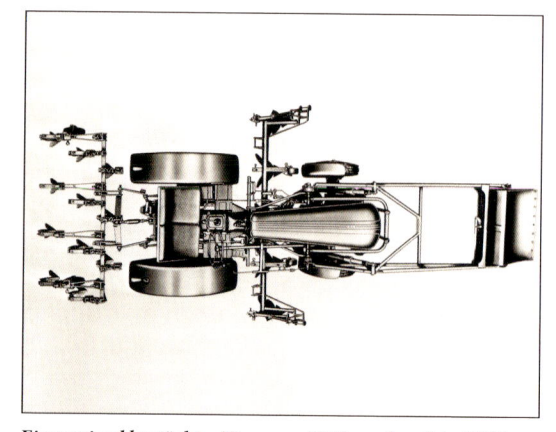

Ein maximal bestückter Hanomag R 24 aus dem Jahr 1955 mit Wittenburg-Frontlader, Zwischenachs-Kartoffel-Häufelpflug und Heck-Hackscharen. Der Traktor hatte je einen Sitz für Fahrer und Beifahrer

Allradantrieb laufend größere Vorderräder bekamen. Das galt besonders bei den letzten Jahrgängen der Schlüter-Traktoren bis zum kurzlebigen Schlüter-Traktomobil, das vier gleichgroße Räder hatte.

Die damals typischen Sonder-Bauarten

Im Zuge der immer stärkeren Motorisierung der Landwirtschaft hatten in den vorgenannten fünfziger Jahren verschiedene Traktorhersteller einzelne Sonderbauformen entwickelt, von denen eigentlich nur zwei Baureihen langfristig erhalten geblieben sind. Das sind der Unimog und der Fendt-Geräteträger. Der Unimog ist Ende der vierziger Jahre bei Böhringer in Göppingen als 25 PS-Fahrzeug entstanden und wurde jahrzehntelang bei Daimler-Benz in Gaggenau gefertigt, bis die Montage kürzlich ins Lkw-Werk im südpfälzischen Wörth verlegt wurde. Die Motorleistung liegt heute beim zehnfachen Wert der Ausgangs- Modelle. Bei Fendt wurde einst mit leichten Geräteträgern mit circa 20 PS Leistung angefangen, vor zwei Jahren ist die Serienproduktion des letzten Geräteträger-Typs, des GTA-Allrad mit 80 PS ausgelaufen. Immerhin gibt es in diesem Beitrag eine ganze Reihe von Oldtimer-Fotos, die zeigen, welche technischen Lösungen die damaligen Konstrukteure bei den Traktor-und Landmaschinen-Herstellern für die Praxis zu bieten hatten. Da tauchen Namen auf, wie Fahr-Gottmadingen, Güldner-Aschaffenburg, Hanomag-Hannover, Lanz-Mannheim, Platz-Frankenthal und Ruhrstahl-Witten. Und man erinnert sich an Anekdoten: Ein kleiner Vorkriegs-Zweisitzer von Hanomag hieß mit Spitznamen „Kommißbrot", weil er vorn und hinten fast gleich aussah. Dazu der Spruch: „Bißchen Blech, bißchen Lack – fertig ist der Hanomag". Und als Hanomag unmittelbar vor einer DLG-Ausstellung den Schlepperbau einstellte, wurde die teilweise unbenutzte Ausstellungshalle die „Hanomag-Gedächtnis-Halle" genannt. Der Name „Alldog" der Firma Lanz-Mannheim war natürlich eine Anspielung auf die jahrzehntelang erfolgreichen Bulldog-Traktoren. Keinen Erfolg hatte Lanz mit dem Versuch, den Geräteträger Alldog mit einem Zwischenachs-Pflug auszurüsten. Daraus wurde nichts.

Als Beispiel des Technologie-Wandels sind die Spritzflüssigkeits-Behälter der Geräteträger-Aufbauten zu nennen: Die Behälter wurden früher aus Holz oder verzinktem Stahl gefertigt. Der Baustoff Holz schied aus, als die Wuchsstoffmittel zur Unkrautbekämpfung kamen, die in die Behälterwände eindrangen und zur Unzeit wieder herausgelöst wurden, sodaß es zu Schäden im Rübenbau kam. Zum Glück wurden ab etwa 1960 die Behälter aus unverwüstlichen Kunststoffen verfügbar, zunächst Behälter aus

Bei dem MAN sieht man gut die ausgesprochen hohe „Bauch"-Freiheit für den Zwischenachs-Geräteanbau

In Landsberg am Lech beheimatet war der MAN-Tragschlepper, der auf diesem Werkfoto aus dem Jahre 1959 beim Drillen und Eineggen der Saat zu sehen ist. An eine Kabine war noch nicht zu denken

Bei MAN wurden die 25 PS Tragschlepper im Jahr 1962 als „Langbauweise" bezeichnet. Das Foto läßt die schwierige Mechanik der Zwischenachs-Aushebung erkennen

Die tief gehaltene Kamera zeigt besonders deutlich die hohe Bodenfreiheit der 25 PS MAN-Traktoren. Der Frontlader hat nun die charakteristische moderne Form der einteiligen Baas-Schwinge

Auch bei Porsche-Diesel, damals in Friedrichshafen am Bodensee, hatte man sich vom Tragschlepper viel versprochen. Hier ein Porsche-Junior mit Zwischenachs-Drillmaschine und Mähwerk

Der Einzylinder12 PS-Porsche-Junior mit Zwischenachs-Drillmaschine. Die Spur-Reisser-Schare zog man von Hand hoch. Das sofortige Eineggen war vorteilhaft. Gitterräder halfen den Bodendruck zu verringern

glasverstärktem Polyesterharz und bald danach auch aus den diversen Varianten des Polyäthylens. Aus heutiger Sicht waren die damaligen Fahrzeuge hoffnungslos untermotorisiert, sie wurden im Lauf der Zeit stärker ausgelegt und modernisiert, bis der Allrad-Landwirtschaftstraktor heutiger Prägung mit Klimakabine sowie Heck-und Frontkraftheber entstanden war. Es kamen auch Meinungen auf wie etwa, daß manche Firmen sich auf der Suche nach Ideal-Lösungen für den deutschen Markt mit seinen fast unzähligen Kleinbetrieben zu viele falsche Entwicklungen geleistet hätten: Man solle lieber auf die „Anglo-Amerikaner" achten, die wüßten, daß der Standardschlepper die einzig wahre Bauart sei. Da hat sich vieles allmählich von selbst reguliert: Nach Ausscheiden sehr vieler Kleinbetriebe und nach der glücklich vollzogenen Deutschen Einheit gibt es heute vernünftige Betriebsgrößen und leistungsfähige Traktoren für Geräte mit früher kaum vorstellbaren Arbeitsbreiten.

Die Tragschlepper Idee erschien plausibel

Am Anfang der Tragschlepper-und Geräteträger-Zeit stand das Streben nach Einmannarbeit und die Vorstellung, daß ein guter Schlepperfahrer – im Kleinbetrieb der Landwirt selbst – die Funktionen von Frontanbau-, Zwischenachsanbau und möglichst noch Heckanbau-Geräten würde gleichzeitig beobachten können. Die Fotos im vorliegenden Bericht zeigen, daß mindestens acht deutsche Schlepperhersteller zeitweise Tragschlepper gebaut haben, um damit diverse Gerätekoppelungen zu ermöglichen. Die Fahrer, die auf die Zwischenachs Geräte zu achten hatten, mußten zwangsläufig eine mehr oder weniger ausgeprägte, nach vorn geneigte Kopfhaltung in Kauf nehmen. Vor allem bei den Zwischenachs-Hackgeräten sollte der Fahrer gleichzeitig mehrere Reihen von rechts bis links und unterm Schlepperrumpf im Auge haben. Bei stundenlanger Arbeit konnte das nicht gut gehen, die Fahrer bekamen in

Porsche war stolz darauf, mit dem Junior L den ersten deutschen Traktor mit gleichzeitigem Anbau von Zwischenachsgerät und Rasspe-Mähwerk zu haben. Das Mähwerk wurde von Hand ausgehoben

Der Eicher-Geräteträger hatte einen 28 PS-Eicher-Zweizylinder-Motor mit Luftkühlung. Typisch waren die Lochschienen unten an den Rahmenlängsträgern. Das Aufbau-Spritzgerät kam von Platz-Frankenthal

Der Güldner-Ritscher-Geräteträger mit breitgestellter Spur. Man sieht die hinten angebaute Zapfwellenpumpe, den Spritzflüssigkeits-Behälter aus Holz, das Düsengestänge und das zugleich angebaute Mähwerk

kurzer Zeit einen total steifen Hals. Das ist auf mehreren Fotos in diesem Beitrag durchaus zu sehen.

Auch im technischen Bereich gab es eine Reihe von Komplikationen: Die Zwischenachs-Anbaugeräte brauchten abnehmbare Rollen, mit denen man sie seitlich unter den Schlepperrumpf unterschieben konnte. Dazu sollte man eigentlich eine Betonplatte haben. Zum Anschließen der mechanischen Verbindungsteile und der hydraulischen Aushebung mußte man mal rechts, mal links an den Traktor heran. Extrem schwierig war es etwa, die Teleskop-Saatrohre einer Zwischenachs-Drillmaschine sauber zu verlegen. Die Bodenfreiheit der ausgehobenen Geräte ließ zu wünschen übrig und auch bei der Straßenfahrt gab es Probleme.

Zur Zeitgeschichte gehören auch die Nummernschilder: So standen die Buchstaben AW für die Amerikanische Zone im nördlichen Württemberg und FW für die Französische Zone im südlichen Württemberg. Zu den Fotos des Unimog als schnellfahrendem Mehrzweckfahrzeug macht der Verfasser auf die sehr günstige Bodenfreiheit dank der Portalachsen aufmerksam. Er erinnert sich einer Fahrt zu einem Entwicklungshilfe-Projekt im südlichen Sudan. Als nach der Regenzeit die unbefestigten Hauptstraßen kaum befahrbar waren, setzten die zwei Landrover, mit denen das Team unterwegs war, mit ihren Differentialgetriebe-Gehäusen im schier grundlosen Schlamm auf, alle acht Landrover-Räder drehten durch und es ging nichts mehr vorwärts. Herausgezogen hat uns schließlich der Unimog, den der Projektleiter aus Kosti entgegengeschickt hatte. Der sudanesische Kollege, der die Kette am vorderen Landro-Verkupplungsmaul festmachte, stand bis zu seinen Knieen im Schlamm! Übrigens: Als in den ersten Nachkriegsjahren die ersten Unimogs in grüner Farbe und mit heruntergeklappter Windschutzscheibe sowie zurückgeklapptem Verdeck in den Dörfern auftauchten, fragten die Bauern schon mal, ob „der" wohl noch vom letzten Krieg oder für einen künftigen Krieg sei?

Der Lanz-Alldog in breitgestellter Spur für Hanglagen bei der Winterspritzung in einer Hochstamm-Obstanlage. Der Fahrer sitzt weit rechts, um gute Sicht auf das rechte Vorderrad zu haben

Der Güldner-Ritscher Geräteträger vor dem Holder Verwaltungsgebäude, hier mit langem Radstand. Nach Ineinander-Schieben der Rahmen-Längsträger konnte man auch mit kurzem Radstand fahren

Auch beim Berliner Gartenbauamt nützt man die moderne Rasenpflegetechnik. Der Frontsichelmäher von Stoll in Kirchberg mäht, saugt ab und kippt mit dem Hochkippbunker direkt auf einen Lastwagen ab

Der Ruhrstahl-Geräteträger aus Witten hatte einen 22 PS- Dieselmotor von Henschel (Kassel), hier mit Front-Anbau-Düngerstreuer und Unterbau-Hackmaschine. Die reine Zweckmaschine setzte sich nicht durch

Der Ruhrstahl Geräteträger mit Frontträger für Saatgut Vorrat, Zweiachs Drillmaschine mit Bodenradantrieb für die Sä-Welle und Heckanbau Egge. Gut gedacht, aber die Praxis wollte lieber „richtige" Traktoren

Der Unimog, der erste Frontsitz-Allradschlepper, bekam 1964 einen 34-PS-Motor und ein festes Fahrerhaus. Mit Aufbau-Feldspritzgeräten wurde der Unimog bald das Standard-Fahrzeug der Lohnunternehmer

Frontsitz-Allradschlepper unter sich: Die hohe Schule der Winterdiensttechnik praktizieren hier zwei Fahrer beim Fräsen mit hydraulisch verstellbarem Ladekamin und gleichzeitigem Verladen während der Fahrt

Dem Holder C 500-Allradschlepper mit Zweimannkabine und Frontsichelmäher ist kaum ein Berghang zu steil. Auf der Hilfsladefläche können Kleingeräte und Zubehör mitgeführt werden

Außerordentlich wendig ist der Holder C 300 Turbo (42 PS) dank seiner Knicklenkung. Mit 1000-Liter Wassertank und verstellbarem Schwemmbalken werden Tartanbahnen in Sportstadien gereinigt

Der Heizlampen-Sammler

von Oliver Aust

Durch Zufall erfuhr ich eines Tages von einem Bulldog Fan, nicht weit von uns entfernt. Der gelernte Landmaschinenmechaniker und Maschinenbauingenieur entdeckte vor langer Zeit seine Liebe zu Lanz. Im Laufe der Zeit fing er an, alte Heizlampen zu sammeln. Besonders verblüffend fand ich die vielen, für den Laien kaum erkennbaren Unterschiede, die es zwischen den einzelnen Exemplaren gibt. Ob für Rechts- oder Linkshänder, Original oder Nachbauten, Alte und Neue, der Maschinenbauingenieur hat von allem etwas.

Lanz Ackerluftbulldog D 7506 mit 25 PS, Baujahr 1950

Auch zwei Lanz Bulldogs befinden sich im Besitz dieses Sammlers. Besonderen Wert legt er bei seinen Schleppern auf den originalen Zustand.

Der Lanz Ackerluftbulldog D 7506 mit 25 PS und der Typenbezeichnung HN3 ist aus dem Baujahr 1950. Der Motor mit 4767 cm^3 Hubraum ist ein Einzylinder-Glühkopf-Zweitakter mit Wasserumlaufkühlung. Das Getriebe ist mit sechs Vorwärts- und zwei Rückwärtsgängen und Kugelschaltung ausgestattet. Für die nötige Sicherheit sorgt eine Hinterrad-Fußbremse und eine Getriebe-Handbremse. Die Riemenscheibe hat 540 mm Durchmesser und ist 150 mm breit. Die Höchstgeschwindigkeit liegt bei 19,8 km/h. Das Leergewicht des Schleppers beträgt 2690 kg, das zulässige Gesamtgewicht 3100 kg. Der Lanz hat vorn die Bereifung 6,50-20 und hinten 12,4-24. Anstatt des Lenkrads zum Starten des Motors ist in diesem D 7506 schon ein Schwungrad eingebaut, das im Gegensatz zu den Lenkrädern fest im Schlepper integriert ist. Die Lenkräder wurden verboten, weil sich nicht selten die Fahrer beim Griff in das Lenkrad schwer verletzten. 1950 lag der Neupreis dieser Maschinen bei etwa 7800 DM. Zwischen 1945 und 1952 wurden nahezu 10 000 der Nachkriegsexemplare gebaut und haben damit zum großen Erfolg des Lanz Bulldog beigetragen.

Der zweite Lanz des Sammlers ist ein D8506 Ackerluft-Bulldog mit Schleppernunmmer 146546. Der Motor mit 10 266 cm^3 Hubraum leistet 35 PS. Die Bauzeit dieser Schlepper lag zwischen 1936 und 1954. Dieses Modell ist von 1939. Das Gewicht beträgt 3450 Kilogramm. Der D 8506 besitzt ebenfalls sechs Vorwärts- und zwei Rückwärtsgänge und eine Scheibenkupplung. Bereift ist dieser Schlepper hinten mit 16,9-30 und vorne mit 9,00-20. Diese Reifen wurden in der Ukraine gefertigt. Als der Besitzer den Lanz erwarb, war die gesamte Vorderachse defekt. In mühsamer Kleinarbeit arbeitete er über ein Jahr an diesem Schlepper, wobei er ihn einmal komplett zerlegte und wieder zusammen baute. Da der Tank höher liegt als der Zylinder, floss bei diesen Modellen der Sprit mitunter unkontrolliert in den Zylinder, ein großer Gefahrenpunkt. Daher baute der Tüftler hier ein Ventil ein, das für eine gesteuerte Spritzufuhr und damit für weitere Sicherheit beim Startvorgang sorgt.

Den 35 PS Bulldog der HR-7 Baureihe gab es in verschiedenen Varianten. Angefangen bei dem preiswerten Acker-Bulldog, über den Kombi Bulldog mit Elastikreifen, bis hin zum schnellen Eil-Bulldog konnte man hier unter zehn Ausstattungsvarianten wählen.

Imbert Heizlampe mit Abdeckung und großem Glühkopf für Bulldogs mit 10,3 L

Imbert mit kleinem Glühkopf

Imbert, nach 1943, mit großem Brenner

Eine große Barthel und eine kleine Barthel (rechts), beide vor 1943

Barthel, groß und klein (rechts), beide nach 1943, mit anderem Griff und anderen Handrädern

Der Heizlampen-Sammler **97**

Eine große Ursus aus Polen und eine Vulkano (rechts) in edler Ausführung, nach 1945

Nachfolger der großen Barthel vom VEB Heiderstdorf, rechts eine Vulkano, die noch nie benutzt wurde

Die wertvollsten Stücke aus der Sammlung: Die beiden Lanz 32, vor 1930, für Verdampfer Bulldogs

Ackerluft Bulldog D 8506 mit 35 PS, Baujahr 1939

Der Heizlampen-Sammler **99**

Der Startvorgang beim Lanz Ackerluftbulldog D 8506:

Die Lötlampe auf Temperatur bringen, unter dem Zündkopf einhängen und diesen solange anheizen ...

... bis der Kopf glüht

Das Lenkrad in das rechte Schwungrad stecken und drei bis vier manuelle Einspritzpumpenhübe durchführen, Kolben langsam vor oberen Totpunkt stellen und den Motor entgegen dem Uhrzeigersinn anwerfen

„Vollkommener denn je"

Der Lanz Eil-Bulldog

von Wolfgang Wagner

Das legendäre Flaggschiff der Lanz-Flotte hat wie keine andere Zugmaschine in einem unvergleichlichen Siegeszug eine wichtige Rolle bei der Motorisierung des Lastenverkehrs in Deutschland eingenommen. Mit beeindruckenden Zugleistungen des Glühkopfmotors in seiner konstruktiven Vollendung und einer hohen Durchschnittsgeschwindigkeit bestimmt der Eil-Bulldog mit 55 PS die Wirtschaftlichkeit des Transports schwerer Lasten. Ein groß dimensioniertes Fünfgang-Getriebe ermöglicht spielend die ideale Anpassung an die Belastung der Straßenverhältnisse und Steigungen mit Geschwindigkeiten bis zu 30 km/h. Mit seiner hochleistungsfähigen Seilwinde kann er schwer beladene havarierte Fahrzeuge bergen und sich im Notfall aus "festgefahrenen" Situationen selbst befreien. Seine Geländegängigkeit stellt er auf schlechten Straßen, im Forsteinsatz, auf der Baustelle sowie in Kies- und Tongruben unter Beweis. Vielseitige Einsatzmöglichkeiten im Güternahverkehr stellen seine Anpassung an die jeweiligen Eigenarten des Ladeguts sicher, schwerstes Stückgut, Spezialanhänger, Möbelcontainer und Tankwagen bringt er sicher an seinen Bestimmungsort. Im Schaustellergewerbe erfreut sich der Eil-Schlepper großer Beliebtheit. In einer aufwendigen Werbeschrift aus dem Jahr 1938 stellt die Firma Heinrich Lanz exklusiv den 55 PS Eil-Bulldog mit dem Prädikat der Superlative „Vollkommener denn je" auf die Titelseite.

Titelvorlage der Werbeabteilung für den ersten Prospekt des legendären 55 PS Eil-Bulldog (1938)

Urahn des Lastenschleppers aus Mannheim: Lanz Feldmotor aus dem Jahr 1920

Historie

Die erste Erwähnung als Vorspannmaschine für „Fuhrwagen und sonstigen Lastenbetrieb" kann für sich der Feldmotor Lanz mit einem 25 PS starken Vierzylinder-Vergasermotor aus dem Jahr 1918 in Anspruch nehmen. Als „Eilschlepper" im Saurierstadium bewältigt er im Lastfuhrbetrieb Anhängelasten bis zu 2 t und ist bereits mit einer Seilwinde ausgerüstet. Es folgt in geringer Stückzahl ab 1921 der Feldmotor FMD 38, auch „Felddienst" genannt, der ist der Kategorie der Verkehrsschlepper zuzuordnen. Der Antrieb dieses Schleppers erfolgt über einen Vierzylinder-Vergasermotor mit einer Nennleistung von 38 PS. Neben der obligatorischen Seilwinde gehören ein einfaches Dach sowie eine Karbidlampe vorn zur Standardausrüstung. Die Stahl-Speichenräder der Maschine sind wahlweise mit Hartgummireifen oder Hartgummiklötzen bestückt.

Im Jahr 1921 hat der HL-Bulldog als „selbstfahrender Schwerölmotor" auf der Wanderausstellung der DLG in Leipzig einen fulminanten Auftritt. Am Stand Nr. 56 kann das Fachpublikum in Anwesenheit seines „Schöpfers", Dr. Fritz Huber, drei Maschinen im zuverlässigen Betrieb auf der Freifläche bestaunen. Ganz im Gegensatz zur misslungenen Generalprobe auf dem Mannheimer Fabrikhof, wo Huber die Maschine vor wartenden Journalisten beim Startvorgang rückwärts in die Dekoration gesetzt haben soll. Wegen seines ungewöhnlichen äußeren Erscheinungsbildes drängt sich beim Anblick der selbstfahrenden Arbeitsmaschine der Vergleich mit einer „grimmig schauenden" Bulldogge auf. Unbestätigten Überlieferungen zufolge taufen Arbeiter vom Lindenhof den Erlkönig auf den Namen „Bulldog".

Dieser erste 12 PS-Bulldog als universal einsetzbare fahrbare Kraftquelle mit einem wassergekühlten, liegenden, einzylindrigen Glükopfmotor entwickelt sich bald zu einem der berühmtesten Traktoren der Welt. In seiner sechsjährigen Bauzeit verlassen über 6000 Exemplare das Werk und die unaufhaltsame Erfolgsgeschichte des Bulldog nimmt ihren Lauf. Ein

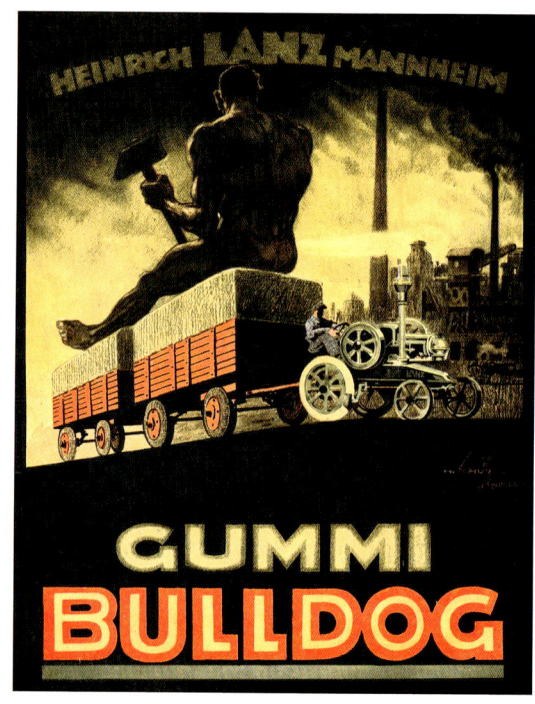

Der Gummi Bulldog von 1923 war der historische Vorläufer des Eil-Bulldogs

HEINRICH LANZ MANNHEIM

Gummi-Bulldog für Spediteure

Gummi-Bulldog für Sägewerke

Gummi-Bulldog für Ziegeleien

Gummi-Bulldog für Spediteure

Bulldog für Landwirtschaftliche Betriebe

HEINRICH LANZ MANNHEIM

Gummi-Bulldog für Kommunal-Wirtschaft (Müllabfuhr)

Gummi-Bulldog für Brauereien

Gummi-Bulldog für Kohlenhandlungen

Bulldog für Lohn-Dreschereien

Gummi-Bulldog für Schausteller

besonderes Baumuster belegt im Stammbaum der Straßen- und Verkehrschlepper auf dem Lindenhof in Mannheim einen ersten Rang von historischer Provenienz. Es handelt sich um den 12 PS Verkehrs-Bulldog aus dem Jahre 1924 mit doppelt hartgummibereiften Vollscheibenfelgen, Wetterdach und Beleuchtung. Wegen der Zwillingsbereifung wird er auch als „Doppel-Bulldog" bezeichnet und weist schon alle Eigenschaften eines echten Straßenschleppers auf. Mit einer Geschwindigkeit von 6 km/h leistet er bei Ziegeleien, Steinbruchbetrieben, Sägereien sowie im Transportgewerbe zuverlässige Dienste. Die maximale Anhängelast liegt bei unglaublichen sechs bis acht Tonnen.

Eine weitere Sonderform stellt der Verkehrs-Felddank aus dem Jahr 1925 dar. Bei dieser, mit dem HL-Bulldog nicht vergleichbaren Maschine, handelt es sich um einen Zweizylinder-Zweitakt-Glühkopfmotor mit 38 PS und einer Zughakenleistung von über 3900 kg – vorgesehen für den überwiegenden Einsatz im Schwerlastverkehr. Der serienmäßig mit einer Seilwinde ausgerüstete Straßenschlepper wird von 1925-1927 in etwa 2000 Einheiten gebaut. Ab 1927 setzt mit dem 22/28 PS Verkehrs-Bulldog die Ära der „Kraftprotze" ein. Großvolumige Zehn-Liter-Maschinen mit Verdampferkühlung bewältigen mit doppelter Elastikbereifung spielend 20 Tonnen Anhängelast „auf ebener, fester und trockener Straße". Dieser Straßenschlepper verfügt über ein reichhaltiges Equipment wie Wetterdach, Zusatzgreifer, Sand-

---

Technische Daten des
12 PS Verkehrsbulldog „Doppel-Bulldog"

Motor

Typ:	Lanz HL Glühkopfmotor (mitteldruck)
Zylinderzahl:	1 (liegend)
Arbeitsweise:	zweitakt - Verfahren (ventillos)
Zylinderbohrung:	190 mm
Hub:	220 mm
Hubraum:	6250 ccm
Drehzahl:	420 U /Min.
Leistung:	12 PS
	verlustfreie Zugleistung bei 3,6 km/Std., Zugkraft 894 kg, wirtschaftliche Dauerleistung 8 PS-Zugkraft von 597 kg
Wirkungsgrad:	thermischer Wirkungsgrad-23%
Verdichtung:	mittlerer effektiver Druck 2,17 kg/ccm
Schmierung:	Frischöl-Druckschmierung System Bosch (Boschöler)
Einspritzpumpe:	Lanz (mechanische Saug-/Druckpumpe)
Regler:	Lanz-Achsregler
Kühlung:	Wasserumlaufkühlung (Wasserpumpe)

Getriebe/Fahrgestell

Bauart:	Blockbauart, rahmenlos
Kupplung:	Dreibackenkupplung
Getriebe:	Hinterradantrieb mittels Rollenkette von der Kurbelwelle über eine Vorgelegewelle mit Stirnradverzahnung auf zwei Zahnkränze mit Innenverzahnung/Rückwärtsgang durch Motorumsteuerung
Geschwindigkeit	6 km/h
Lenkung:	Lagerung der Vorderachse auf Drehschemel/Schneckengetriebe
Bremsen:	Hinterrad-Innenbremse
Räder:	Elastikreifen/Doppelbereifung hinten
Gewicht:	Leergewicht 1920 kg

Füllungen und Verbrauch

Kraftstoffverbrauch:	270-390 g PS/Std. (Angaben z.T. unterschiedlich bis 430 g PS/Std.)
Ölverbrauch:	0,2 Liter/Std.
Kraftstoffe:	Benzol, Gasöl, Teeröl, Rohöl, Ergin, Spiritus, Petroleum, Benzin, Flüssiggas u.a.

Verkehrs-Großbulldog von 1929, Verdampfermaschine mit 22/28 PS

Der Lanz-Eilbulldog

Lanz-Verkehrs-Großbulldog 22/28 PS

Technische Angaben

1. Steuerstange
2. Lampenteller
3. Schutzkappe
4. Zündkopf
5. Sicherheitsschraube
6. Zylinderkopf
7. Regulierdüse
8. Petroleumleitung
9. Wassereinfüllstutzen
10. Kolbenschmierung
11. Wasserraum
12. Schalldämpfer
13. Auspuffleitung
14. Brennstoffeinfüllöffnung
15. Brennstoffbehälter
16. Luftfilter

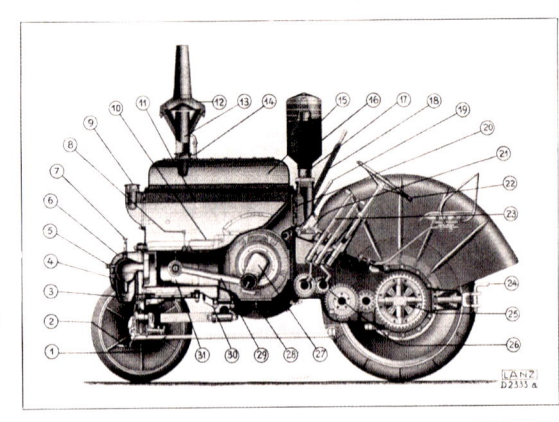

17. Luftansaugrohr
18. Kupplungshebel
19. Brennstoffhebel
20. Luftklappen
21. Zentral-Schmierapparat
22. Lenkrad
23. Gangschalthebel
24. Anhängevorrichtung
25. Ausgleichgetriebe
26. Ganggetriebe
27. Kurbelwelle
28. Oelablaßhahn
29. Pleuelstange
30. Wasserablaßhahn
31. Kolben

Außenmaße: Größte Länge 3000 mm, größte Breite 1890 mm, größte Höhe 2255 mm bis Oberkante Auspuffrohr.

Motor: Ventilloser Zweitaktmitteldruck-Einzylindermotor mit Glühkopfzündung, Zentralpreßölschmierung und Präzisionsregler. Verdampfungskühlung. Normale Dauerleistung 22 PS bei 500 Umdrehungen/Minute.

Brennstoff: Braunkohlenteeröl, Rohöl, Gasöl, Paraffinöl, Petroleum, Spiritus etc.

Brennstoffverbrauch: 1/4 kg pro PS/Std., je nach Belastung der Maschine und Beschaffenheit des Brennstoffes.

Schmierölverbrauch: ca. 14 Gramm pro PS/Std. je nach Güte des Schmieröls.

Riemenscheibenantrieb: Scheibendurchmesser 680 mm. Breite 170 mm, Drehzahl 500 Umdreh./Min., linksseitig angebracht.

Fahrgeschwindigkeit: Mit doppelter Gummibereifung ca. 4,3 — 6,5 — 8,9 — 13,2 km/Std.

Gewicht: Mit doppelter Gummibereifung etwa 3450 kg.

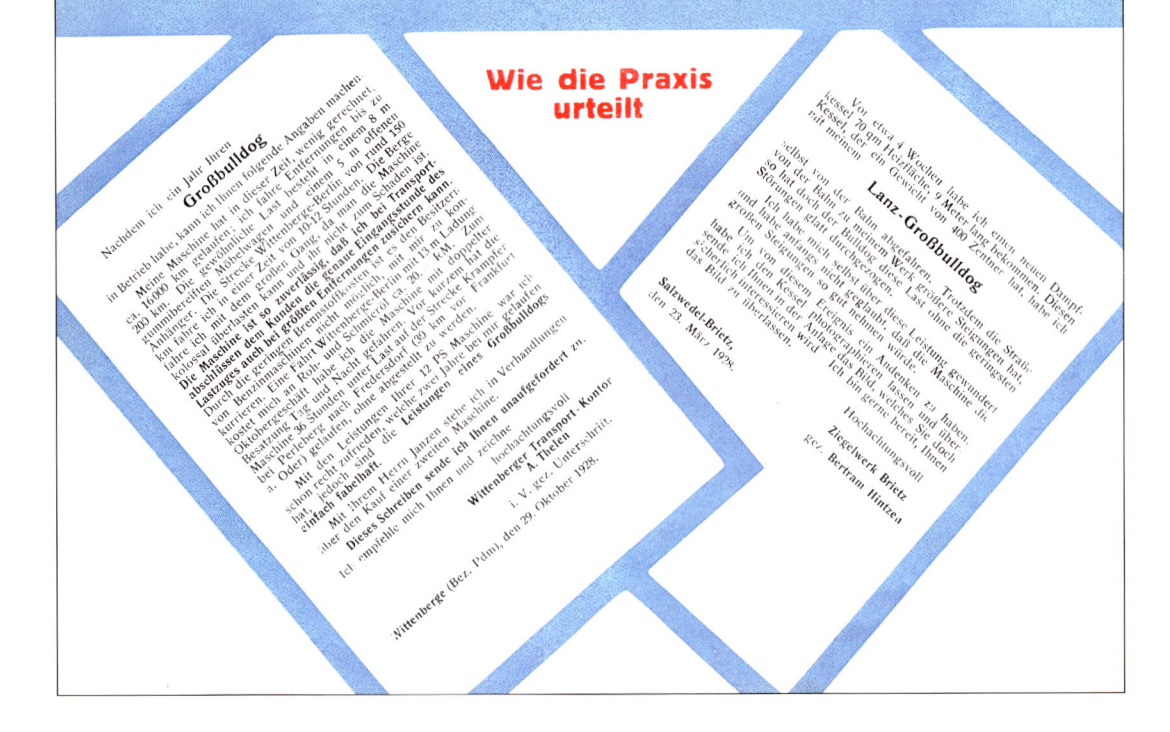

Wie die Praxis urteilt

Großbulldog

Nachdem ich ein Jahr Ihren Großbulldog in Betrieb habe, kann ich Ihnen folgende Angaben machen. Meine Maschine hat in dieser Zeit, wenig gerechnet, ca. 16000 km gelaufen. Die gewöhnliche Last besteht in einem 8 m offenen 200 kg Anhänger. Die Strecke Wittenberge—Berlin und retour rund 150 km fahre ich mit dem großen Gang, da man die Maschine kolossal überlasten kann und 10—12 Stunden, ohne Schaden ist. Die Maschine ist so zuverlässig, daß ich bei Transport des Lastzuges auch bei größten Entfernungen zwischen den Abschlüssen dem Kunden genaue Eingangszeiten nennen kann. Durch die geringsten Brennstoffkosten ist es, konkurrieren. Eine Fahrt Wittenberge—Berlin mit mir zu kostet mich an Roh- und Schmieröl ca. 20,13 M. Ladung Oktobergeschäft habe ich gefahren Vor kurzem hat die Maschine 96 Stunden, unter Last auf der Strecke Frankfurt bei Perleberg nach Frederstorf (59 km vor Frankfurt a. Oder) gelaufen, ohne abgestellt zu werden.

Mit den Leistungen Ihrer 12 PS Maschine war ich schon recht zufrieden, aber die Leistungen eines Großbulldogs hat, jedoch über den Kauf einer zweiten Maschine bei mir gelaufen einfach fabelhaft.

Dieses Schreiben sende ich Ihnen unaufgefordert zu. Ich empfehle mich Ihnen und zeichne in Verhandlungen hochachtungsvoll

Wittenberger Transport-Kontor
i. V. gez. Unterschr.
A. Thelen

Wittenberge (Bez. Pdm), den 29. Oktober 1928.

Lanz-Großbulldog

Vor etwa 4 Wochen habe ich einen neuen Dampfkessel, 70 qm Heizfläche, 9 Meter lang bekommen. Diesen Kessel, der ein Gewicht von 400 Zentner hat, habe ich selbst von der Bahn zu meinem Werk überführen lassen und hat doch der Bulldog diese Last ohne die geringsten Störungen glatt durchgezogen. Trotzdem die Straße von der Bahn mich selber größere Steigungen gewunden hat, hat dieser so gut gegangen, daß die Leistung zu. Ich habe anfangs mit dieser Anlage das Bild eines großen Kessel-Freitags ein Andenken werden. Um von diesen photographierten Vorgang ein Bild zu sende ich Ihnen interessieren und bereit, Ihnen scheint das Bild zu überlassen, welches Sie doch

Salzwedel-Brietz,
den 23. März 1928.

Hochachtungsvoll
Ziegelwerk Brietz
gez. Bertram Hintze

Verkehrs-Großbulldog, die leistungsfähigste Zugmaschine für Straßentransporte

streukasten sowie eine komplette Ausrüstung mit Beleuchtung und als Novum für einen Glühkopfmotor - eine elektrische Anlasszündung.

Die Baureihe der Kühler-Bulldogs setzt ab 1929 revolutionäre Markierungen bei unterschiedlichen Verkehrsausführungen mit Folgetypen in abgestuften Leistungsklassen von 20-38 PS. Äußerliche Veränderungen an Karosserie und Radverkleidung mit durchgehenden Kotflügeln geben ihnen ein „automobilähnliches" Outfit und unterscheiden sie erkennbar von der landwirtschaftlichen Ausführung. Ab 1929 kann die Verkehrsmaschine mit einem festen Fahrerhaus bezogen werden. Die Einführung der Luftbereifung ab 1931 eröffnet der Schlepperentwicklung, nicht nur bei Lanz, grundlegende Voraussetzungen für den kombinierten Einsatz in der Landwirtschaft und im Transportgewerbe. Der Nutzwert eines Schleppers steigt um einen vielfachen Faktor. Ein 38 PS Verkehrsschlepper von 1931 mit zeitgemäßer Ausstattung verfügt bereits über Luftbereifung, gefederte Vorderachse, elektrische Anlasszündung, Scheinwerfer, Signalhorn und eine Druckluft-Bremsanlage. Die Auspuffanlage wird unter den Schlepper nach hinten in einen großen Doppelschallfänger geführt. Der Fahrer des auch Schwerzug-Bulldog genannten Verkehrschleppers bezieht auf einer durchgehenden, gepolsterten Sitzbank mit Hochlehne seine Position. In Prospekten aus dem Jahr 1931 finden sich auf diesen Typ bezogen erste Erwähnungen als Eil-Schlepper.

Die Generation der Verkehrsschlepper nach dem Kühler-Bulldog wartet mit bisher unvorstellbaren Fahrgeschwindigkeiten von bis zu 25 km/h auf, für Speditions- und Transportgewerbe eine überzeugende Alternative zum kostenintensiven Lastkraftwagen. Der Bulldog ist seinerzeit die unübertreffliche Zugkraft für raue und anspruchsvolle Transporte und die wirtschaftliche Alternative für den Transport billiger Massengüter. Der Schlepperbetrieb ergibt größte Elastizität und bestmögliche Anpassung an das

Lasten billiger schleppen!

Mit dem neuen LANZ Verkehrs-Bulldog

15/30 PS wird jeder Fuhrbetrieb vor Schäden geschützt, die durch Zeitnot und Kräftemangel entstehen können. Der Bulldog-Besitzer kann mit dem großen Vorteil geringer Betriebskosten rechnen, denn der Lanz Verkehrs-Bulldog verarbeitet den billigsten Schlepper-Betriebsstoff, den es überhaupt gibt.

Werbeschrift für den 15/30 Verkehrsbulldog HR 5, gebaut ab Mitte 1929

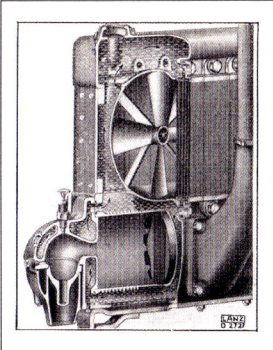

Kühler mit Ventilator

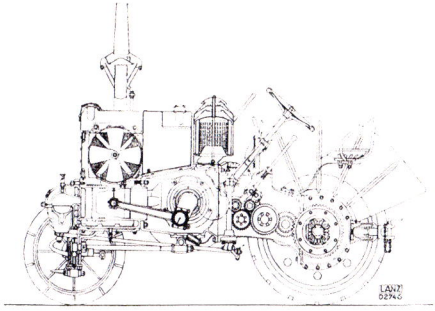

Zugleistung auf normalen Straßen:

Steigung	bis 3 %	7,5 %	15 %
Gang	I II III	I II III	I II
Zughakenleistung in t	15, 12, 10,5	9, 7,25, 6,5	4,5, 3,5

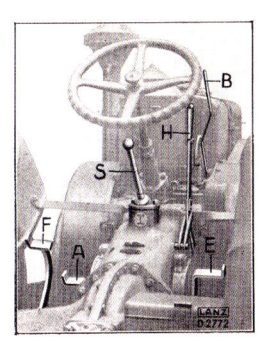

Bedienungshebel

Lanz Verkehrs-Bulldog 15/30 PS

der hervorragend bewährte, einfach und überaus widerstandsfähig gebaute Schlepper für vielseitige Verwendung, **zur Lastenbeförderung und als Antriebsmaschine. Leicht zu handhaben, hohe Leistungen, sparsam im Betrieb, unverwüstlich bei der Arbeit, lange Lebensdauer,** das sind die Forderungen, die an einen guten Schlepper gestellt werden. Niemals ist ein Schlepper gebaut worden, der diese Forderungen so restlos erfü wie unser Bulldog. Diese hervortretenden Eigenschaften haben wir unserem Schlepper durch wohlüberlegte Bauart, durch Ausnützung von langjährigen Erfahrungen im Schlepperbetriebe, die in fünf Weltteilen gesammelt wurden und durch sorgfältige Arbeit bei Verwendung bester Werkstoffe geben können.

Technische Einzelheiten:

Außenmaße: Größte Länge 3085 mm, größte Breite 1945 mm, größte Höhe 1575 mm mit Auspuff nach unten.

Motor: 30 PS höchste Dauerleistung. 900 kg Zughakenkraft. Brennstoffverbrauch: etwa $\frac{1}{4}$ kg je PS-Std. Schmierölverbrauch: 8 g je PS-Std. Brennstoffe: Rohöl, Gasöl, Erdöl, auch Petroleum usw. Zweitakt, 1 Zylinder liegend, Bohrung 225 mm, Hub 260 mm, Drehzahl 500 in der Minute, Zündung: Glühkopf ohne oder mit elektr. Anlaßzündung. Thermosyphonkühlung, Zentralpreßölschmierung mit Oelrücklauf, Präzisionsregler, Luftfilter. Inhalt des Brennstoffbehälters: rd. 60 Liter. Inhalt der Schmierölbehälter: rd. 8,5 Liter.

Kupplung: Backenkupplung mit Sicherheitsvorrichtung.

Schaltung: Automobil-Einhebel-Kugelschaltung.

Lenkung: Automobilmäßige Achsschenkellenkung.

Getriebe: Dreigang-Wechselgetriebe m. Kegelrad-Differential.

Fahrgeschwindigkeiten: Vorwärts 5,6—11,1—14,8 km/Std. Rückwärts 6,1 km/Std.

Vollscheibenräder vorn mit einfacher, hinten mit doppelter hochelastischer Vollgummibereifung.

Reifen-Außendurchmesser: vorn 770 mm, hinten 1060 mm. Hinterräder mit oder ohne Blitzgreifer.

Spurweite: von Mitte zu Mitte Vorderrad 1380 mm. von Mitte zu Mitte Hinterrad 1355 mm.

Achsabstand: 1865 mm.

Wendekreis-Radius (bis zum Außenrad): 4,7 m.

Bremsen: Getriebehandbremse, Getriebefußbremse, Kupplungsbremse.

Riemenscheibe: Linksseitig angebracht (auf Motorwelle), Scheiben-Durchmesser 680 mm, Breite 170 mm, Drehzahl 500 Umdrehungen in der Minute.

Gewicht: 3380 kg betriebsfertig.

Jeder Schlepper kann mit elektrischer Ausrüstung versehen werden, die wesentliche Vorteile bietet:

Die **elektrische Lichtanlage** ermöglicht durch einen kräftig wirkenden, vorn in der Mitte des Kühlers befestigten Scheinwerfer und zwei auf den Kotflügeln angebrachte kleinere Lampen eine starke Anleuchtung der Fahrbahn.

Es können außerdem noch Schlußlampe (starker drehbarer Scheinwerfer) und elektrische Signalhupe angebracht werden.

Die **elektrische Anlaßzündung** in Verbindung mit der Lichtanlage gestattet sofortige Inbetriebsetzung und Fahrbereitschaft nach dem Anwerfen.

Das Umschalten auf Rohölbetrieb ist denkbar einfach und kann wenige Minuten nach dem Anlassen während der Fahrt vorgenommen werden.

Die Vorzüge dieser Anlaßzündung treten besonders dort in Erscheinung, wo der Schlepper oft Standpausen machen muß.

HEINRICH LANZ MANNHEIM
AKTIENGESELLSCHAFT

Der Lanz-Eilbulldog **109**

Erster Verkehrsbulldog (Kühlerbulldog) mit festem Fahrerhaus aus dem Jahr 1930

HR 7 mit modifiziertem Fahrerhaus (Einstieg hinten) und Gummibereifung, Abgasführung nach unten, Baujahr etwa 1931

38 PS Verkehrsbulldog HR 6 für den Einsatz in Baugewerbe und Spedition – erste Erwähnung als Eil-Schlepper (1939)

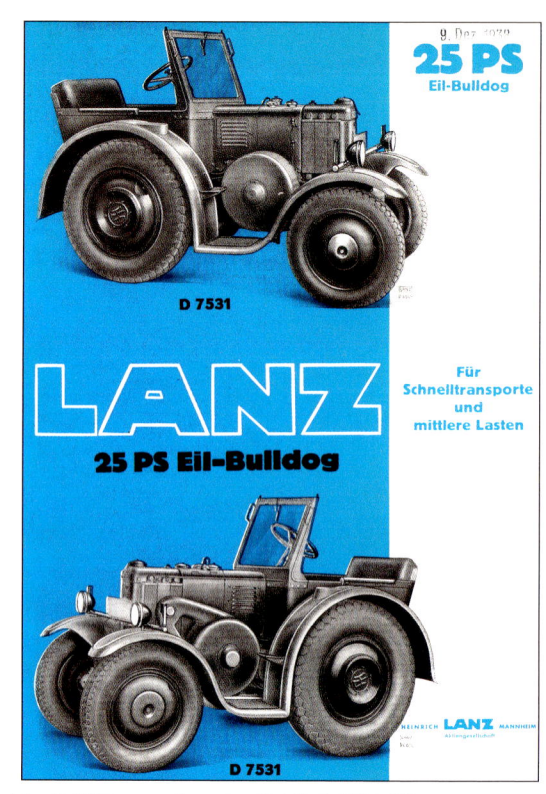

Rückseite des Prospekts der vorigen Seite. Rechts: 1935 debütiert der D 7531 erstmals werksoffiziell als Eil-Bulldog

Ladegut. Es entfallen lange Wartezeiten des Be- und Entladens durch den Pendelverkehr mit Wechselanhängern. Der Bulldog ist „immer freie Zugkraft", unabhängig vom Laderaum und den Eigenarten des Ladegutes.

Ein Bulldog für schnelle Beförderung mittlerer Lasten erhält 1935 zum ersten Mal seine Legende bildende Bezeichnung als Eil-Bulldog. Bei dem Debütanten handelt es sich um einen D 7531 mit 20 PS aus der Baureihe HN 3 mit kleinem Glühkopfmotor. Der D 7531 wird ab 1937 mit der Befähigung zur Höchstleistung von 25 PS über eine Stunde auch als 25 PS Eil-Bulldog betitelt, wenngleich die Dauerleistung weiter bei 20 PS liegt. Dieser „Eiler" schafft je nach Bereifung bis zu 20 km/h. Auf der Evolutionsstufe der klassischen Zehn-Liter-Bulldogs entstehen in einer verwirrenden Typenvielfalt Eil- und Verkehrsschlepper in gestaffelten Ausführungen bis zu 45 PS in offenen Ausführungen sowie mit festem Fahrerhaus. Der 38 PS Eil-Bulldog D 9531 von 1936 gilt als das Paradepferd im Transportgewerbe mit der Höchstleistung von 45 PS. In einer Werbeschrift wird der Bulldog als die modernste, am meisten erprobte und am günstigsten beurteilte Schlepperkraft hochgelobt. Bei einem Eigengewicht von 3,8 Tonnen kann eine beeindruckende Zuleistung von 30 Tonnen (Steigung bis 3%) erzielt werden. Der Schnellläufer schafft mit 630 U/min im 6. Gang 25,2 km/h.

Mit der Erweiterung des Typenprogramms ab 1937 erzielt der Bulldog-Motor durch konstruktive Veränderungen an Kolben, Regler, Einspritzdüse und Pumpe bei erhöhter Nenndrehzahl eine Höchstleistung von 55 PS bei 750 U/min. Die angegebene Dauerleistung beträgt 50 PS. Erprobt wird dieser Motor an einer geheimnisumwitterten Sechs-Gang-Maschine. Hierbei handelt es sich um den überhaupt ersten in kleiner Stückzahl gebauten 55 PS Eil-Bulldog mit (noch) kurzem Radstand aus dem Jahr 1936, einem D 2135 der Baureihe HR 8. Ausgerüstet mit einer großen Scheibenkupplung geht der leistungsfähigste aller Glühkopfmotore optimal getunt in den Serienbau, vorgesehen für den Betrieb des Acker-Bulldog, Ackerluft-Bulldog, die Bulldog-Raupe und den Eil-Bulldog.

Der berühmteste aller Eil- und Verkehrsschlepper unterscheidet sich von allen Varianten innerhalb der Baureihe HR 9 durch ein völlig neu entwickeltes Fünfgang-Getriebe, ausgelegt für eine Geschwindig-

LANZ

EIL-BULLDOG
mit 6 Gängen

38 PS
30 PS

Die Zugmaschinen für Eiltransporte und schwere Lasten!

HEINRICH **LANZ** MANNHEIM
Aktiengesellschaft

I. Geschwindigkeiten und Ausrüstung.

12 Fahrgeschwindigkeiten des 38 PS: Durch Stufenregler arbeitet der Motor mit 540 oder 630 Umdrehungen je Minute und vermittelt vorzüglich abgestufte Geschwindigkeiten, mit denen gute Anpassung an alle Straßen- und Arbeitsverhältnisse erzielt wird.

	38 PS, 25 km/Std.		30 PS, 21 km/Std.	
	540 U./Min.	630 U./Min.	540 U./Min.	
1. Gang	3,2	3,8	3,2	km/Std.
2. Gang	4,8	5,6	4,8	km/Std.
3. Gang	7,1	8,3	7,1	km/Std.
4. Gang	10,0	11,6	10,0	km/Std.
5. Gang	14,6	17,0	14,6	km/Std.
6. Gang	21,6	25,2	21,6	km/Std.
Rückwärts 1.	4,1	4,8	4,1	km/Std.
Rückwärts 2.	12,6	14,7	12,6	km/Std.

Große Wendigkeit: bei engen Straßen oder kleinen Plätzen sehr vorteilhaft.
Angenehmer Sitz: erstklassig gepolsterte Sitzbank.
Vorzügliche Fahreigenschaften: Leichtes Kuppeln, schnelles Schalten während der Fahrt.
Geräumige Plattform zur Mitnahme kleiner Geräte.
Elegantes, ruhiges Aussehen: Autokotflügel, lange Haube.
Sofortige Fahrbereitschaft durch Anlaßzündung.
Weiche Federung.
Elektrische Beleuchtung mit unverwüstlicher Stahlbatterie.
Niedriger Verbrauch an Brennstoff und Schmieröl.
Verstellbare Anhängevorrichtung.
25 km Eil-Bulldog mit 4-facher Luftbereifung.
21 km Eil-Bulldog mit 4-facher Luftbereifung.

II. Technische Einzelheiten.

Motor-Bauart: Liegender Einzylinder-Zweitakt-**Mitteldruck**motor ohne Ventile, ohne Vergaser, mit **Frischöl-Umlaufschmierung** für den Motor und **Preßschmierung** aller übrigen Teile des Schleppers, **Wasserumlaufkühlung** mit auswechselbaren Elementen, **Dreibacken-Kupplung, Kugelschaltung** mit sicherer Verriegelung.

Normale Dauerleistung . . . . 38 bezw. 30 PS
Zughakenkraft . . . . 1600 kg
Zylinderbohrung . . . . 225 mm
Kolbenhub . . . . 260 mm
Hubraum . . . . 10,4 Liter
Drehzahl: 540 und 630 bezw. 540 Umdrehungen in der Minute.

Größte Länge . . . . 3180 mm
Größte Breite einfach luftber. 42"×9" . . 1800 mm
Achsabstand . . . . 1940 mm
Größte Höhe Auspuff nach unten . . . . 1540 mm
Bodenfreiheit . . . . 230 mm
Verstellbare Anhängevorrichtung (über dem Boden) { 565 mm / 755 mm }
Wendekreishalbmesser . . . . 4,2 m

Brennstoff: Gasöl, Dieselöl, Braunkohlen-Teeröl, Paraffinöl, Pflanzenöl usw.
Behälter-Inhalt: Brennstoff 90 Liter
    Schmieröl 6,5 "
    Benzin 7 "
    Kühlwasser 50 "
Verbrauch: Brennstoff etwa 1/1 kg je PS/Std.
    Schmieröl etwa 2,2 kg je Arbeitstag.
Bremsen: 1 Hinterradbremse, 1 Getriebebremse.
Riemenscheibe: 680 ⌀, 190 mm breit, rechtsseitig; wird nur auf besonderen Wunsch mitgeliefert.

Gewicht: betriebsfertig: Luftbereifung einfach 42×9 3800 kg
Spurweite von Radmitte zu Radmitte:
    vorn . . . . 1355 mm
    hinten einfach luftbereift 42×9 . . . . 1445 mm
Hinterräder ⌀ des Reifens Luft 42×9 (10,50-24) . . 1165 mm
Vorderräder ⌀ des Reifens Luft 30"×5" (7,00-20) . . 825 mm
Hinterrad Reifenbreite Luft 42"×9" (10,50 24) . . . 275 mm
Vorderrad Reifenbreite Luft 7,00-20 . . . . 175 mm

Zugleistung im 1. Gang auf guter, fester, trockener Straße

30 PS Bulldog, 21 km, luftbereift:
    Steigung bis 3% etwa 30 t und mehr
    Steigung bis 6% etwa 25 t
    Steigung bis 10% etwa 20 t

38 PS Bulldog, 25 km, luftbereift:
    Steigung bis 3% etwa 30 t u. mehr ⎫
    Steigung bis 6% etwa 25 t   ⎬ jedoch mit höheren Geschwindigkeiten als der
    Steigung bis 10% etwa 20 t   ⎭ 30 PS Eilbulldog.

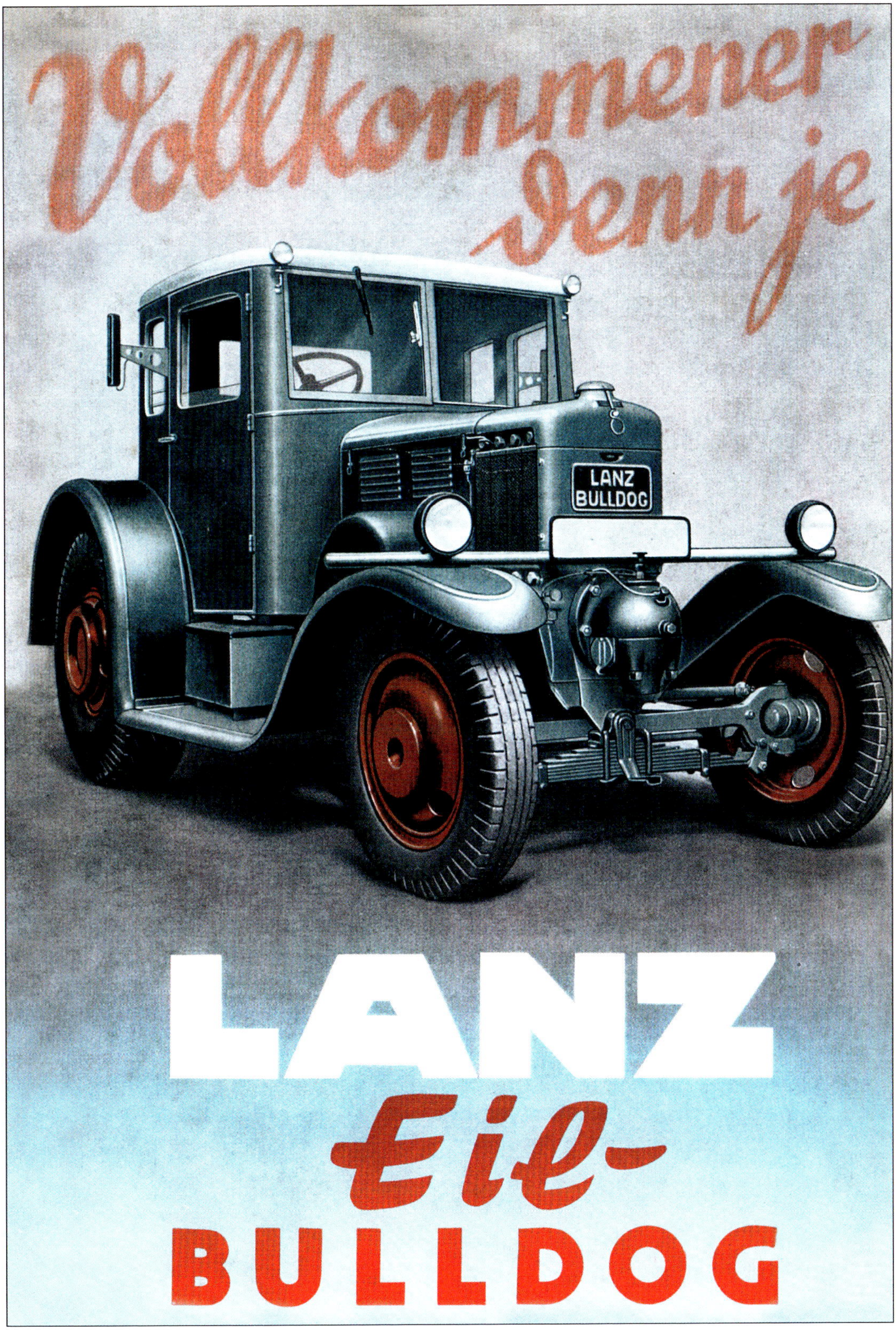
Vollkommener denn je
LANZ
BULLDOG
LANZ
Eil-
BULLDOG

Der berühmte Bulldog Motor

Der Eil-Bulldog D 2531 mit 55 PS löst ab 1936 den D 9539 mit 38 PS ab. Auf dem Prospekt der vorigen Seite ist die Version mit festem Fahrerhaus abgebildet

LANZ-*Eil*-Bulldog

25 PS

Zugleistung im 1. Gang auf ebener, guter, fester, trockener Straße **über 400 Zentner**

6 Fahr-geschwin-digkeiten	Luftbereifung 42 x 9 km/Std.	40 x 8 km/Std.	6 Fahr-geschwin-digkeiten	Luftbereifung 42 x 9 km/Std.	40 x 8 km/Std.
1. Gang	3,5	3,3	5. Gang	14,4	13,7
2. ,,	5,3	5,0	6. ,,	19,8	18,8
3. ,,	7,3	7,0	r. 1. ,,	4,7	4,5
4. ,,	9,4	8,9	r. 2. ,,	12,9	12,1

Gewicht, betriebsfertig Luftbereifung etwa 3060 kg

35 PS

Zugleistung im 1. Gang auf ebener, guter, fester, trockener Straße **über 500 Zentner**

6 Fahr-geschwin-digkeiten	Luftbereifung 42 x 9 km Std.	6 Fahr-geschwin-digkeiten	Luftbereifung 42 x 9 km/Std.
1. Gang	3,2	5. Gang	14,6
2. ,,	4,8	6. ,,	21,5
3. ,,	7,0	r. 1. ,,	4,1
4. ,,	10,0	r. 2. ,,	12,6

Gewicht, betriebsfertig, 4fach luftbereift etwa 3800 kg

45 PS

Zugleistung im 1. Gang auf ebener, guter, fester, trockener Straße **über 600 Zentner**

6 Fahr-geschwin-digkeiten	Luftbereifung 42 x 9 km Std.	6 Fahr-geschwin-digkeiten	Luftbereifung 42 x 9 km/Std.
1. Gang	3,8	5. Gang	17,0
2. ,,	5,6	6. ,,	25,2
3. ,,	8,3	r. 1. ,,	4,8
4. ,,	11,6	r. 2. ,,	14,7

Gewicht, betriebsfertig, 4fach luftbereift etwa 3830 kg

55 PS

Zugleistung im 1. Gang auf ebener, guter, fester, trockener Straße **über 600 Zentner**

5 Fahr-geschwindig-keiten	Luftbereifung 42 x 9 km Std.	Aerobereifung 350–20 km/Std.
1. Gang	4,6	4,7
2. ,,	8,3	8,5
3. ,,	13,1	13,4
4. ,,	19,3	19,7
5. ,,	30,6	31,2
r. ,,	6,2	6,4

Gewicht, betriebsfertig bei 42 x 9 .... 4500 kg

keit bis zu 30,6 km/h. Das um zwei zusätzliche Wellen erweiterte riesige Getriebegehäuse verlängert die herkömmliche Maschine um fast ein Drittel, der Achsabstand vergrößert sich entsprechend. Mit nur einem Hebel lassen sich alle fünf Gänge inklusive Rückwärtsgang durchschalten. Erhaltene Getriebezeichnungen belegen die Existenz von Prototypen des 55 PS Eil-Bulldogs bereits im Jahr 1936, seine offizielle „Geburtsurkunde" aber wird mit der Typenbescheinigung des badischen Innenministeriums vom 10. Juli 1937 ausgestellt. Die Getriebekonstruktion und seine Erprobung im Versuch bis zur Serienreife erfolgen unter Aufsicht und Leitung des Oberingenieurs Anton Lentz. Die ersten 1300 Schlepper aus der Baureihe HR 9 sind noch mit der alten Kurbelwelle (Kurbelwellenzapfen 90 mm im Durchmesser) ausgerüstet. Neben einer Verstärkung des Pleuellagers auf 100 mm erfährt der Motor ständig Modifizierungen aufgrund neu gewonnener Erkenntnisse der berühmten Schlepperversuchsabteilung unter Karl Künzel. Um den Gleichförmigkeitsgrad der 55 PS-Maschine bei der erhöhten Drehzahl von 750 U/min zu verbessern und der Gefahr des Kolbenbruchs entgegenzuwirken, wird mit Kolben aus Aluminium-Legierungen experimentiert, mangels ausgereifter Betriebssicherheit aber auf einen verbesserten Gusskolben mit Perlitstruktur zurückgegriffen.

Das markante unverwechselbare Aussehen des Eil-Bulldog bestimmt neben dem langen Radstand das geschlossene Fahrerhaus mit durchgehenden vorderen Kotflügeln und einer tiefgezogenen Hinterradverkleidung. Zwei große Türen ermöglichen den Zustieg über das geriffelte Trittbrett mit Werkzeugkasten von beiden Seiten, bei der Ausführung mit festem, geschlossenem Fahrerhaus schließt die mit einem Fenster versehene vergrößerte Tür fast senkrecht zu den Holmen der geteilten Frontscheibe. Diese Version wird ab 1939 durch eine ungeteilte und ausstellba-

Der Eiler D 7539 mit Fahrerhaus gelangt über das Stadium eines Prototypen nicht hinaus (Serie HN 3), Baujahr 1939. Unten: Eil-Bulldog D 9531 mit 38 PS

Oben: Eil-Bulldog D 2531, Cabrio mit „Schornstein"

Links: Die legendäre, in der Oldtimerszene bestens bekannte Schausteller-Zugmaschine D 2539 von Peter Nolte mit hochgezogenem Auspuff

Rechts: 55 PS Eil-Bulldog auf einer Postkarte des Traktorenmuseums Paderborn

118 Der Lanz-Eilbulldog

re Scheibe ersetzt. Grundsätzlich wird der Eil-Bulldog nur in der geschlossenen Ausführung als D 2539 und mit offenem Fahrerstand als D 2531 ausgeliefert, ein faltbares Verdeck mit Seitenfenstern aus Celonglas schützt gegen ungünstige Witterungseinflüsse. Im geschlossenen und geschützten Fahrerstand sind alle Bedienelemente und Instrumente gut zu erreichen. Das Cockpit ähnelt sehr dem Führerhaus eines Lastkraftwagens. Große Fenster geben Sicht nach allen Seiten und verschaffen dem Fahrer den notwendigen Überblick in kritischen Fahrsituationen oder beim Rangieren. Der Fahrer hat immer das sichere Gefühl, die Maschine „fest in der Hand" zu haben. Die Heckansicht besticht durch den großen gewölbten 200 Liter fassenden Dieselbehälter sowie die wuchtige Rockinger-Zugvorrichtung. In der Komplettausstattung mit riesiger Heckseilwinde und Bergstütze sowie quer liegendem Druckluftank bei einem Gesamtgewicht von etwa 4500 kg kommt die Legende „vollkommener, denn je", daher.

Der Auspuff, wuchtiges und lautstarkes Merkmal aller Bulldogs, wird nach unten verlegt, ist aber auch auf Wunsch mit dem Schornstein nach oben zu haben. Der Motor kann mit elektrischer Anlasszündung und Pendelstarter vom Fahrerstand aus in Betrieb genommen werden, die gute alte Anheizlam-

D 2531 neben dem seltenen 55 PS Eil-Bulldog D 2135 in kurzer Ausführung. Unten: Das Flaggschiff der Lanz-Flotte mit Druckluftanlage und Seilwinde

Der Lanz-Eilbulldog

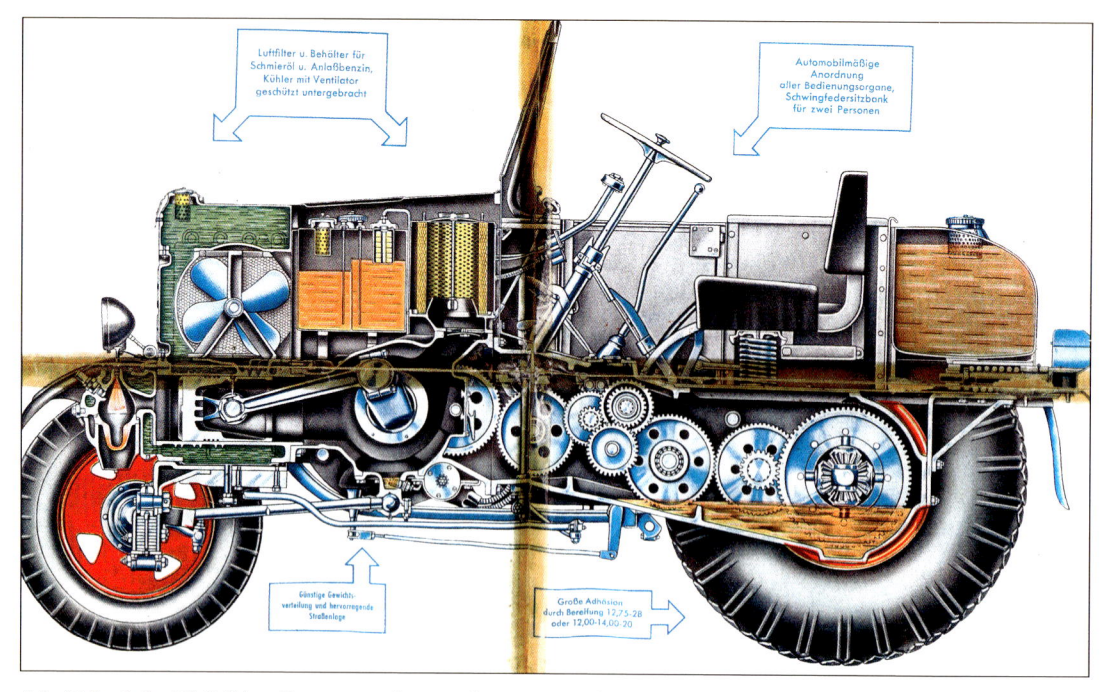

Schnitt durch den Eil-Bulldog: Das um etwa 60 cm verlängerte Getriebe verfügt über zwei zusätzliche Wellen und ist mit nur einem Schalthebel in fünf Vorwärtsgängen durchzuschalten. Unten: Schnittbild des D 9506 mit 45 PS . Mit dem zweiten unteren Schalthebel wird das Vorgelege (Ackergang) auf der dritten Getriebewelle eingelegt

Erprobungsfahrt: D 2531 auf dem Betriebsgelände in Mannheim in Begleitung von Mitarbeitern
Unten: Seltene Werbepostkarte von Lanz aus dem Jahr 1942

pe befindet sich weiterhin an ihrem Platz. Neben Lichtmaschine und Batterie umfasst die elektrische Anlage Fahrscheinwerfer, Rück- und Stopplicht, Scheibenwischer, Signalhorn, Winkerarme und seitliche Begrenzungsleuchten am Fahrerhaus. An Sonderausstattungen sind neben der bereits genannten Seilwinde und Druckluftanlage eine Riemenscheibe und Zapfwelle erhältlich. Für den Einsatz der Riemenscheibe muss der rechte Kotflügel inklusive Trittbrett abgebaut werden.

Die ausgezeichnete Straßenlage des Eil-Bulldog wird von der gefederten Vorderachse in Verbindung mit einer gefederten und gedämpften Schwingfedersitzbank bestimmt. Die Lackierung ist laut Farbtabelle in grau, dunkelblau, braun und elfenbein zu erhalten, Sonderausführungen und Beschriftungen sind auf Wunsch möglich.

Das unrühmliche Kapitel der kriegsbedingten Umrüstung der Schlepper auf Gasbetrieb ab 1939 stellt die Konstrukteure in der Versuchsabteilung beim Zweitakt-Bulldog-Motor vor fast unlösbare Aufgaben. Auch für den Eil-Bulldog wird fieberhaft an einem betriebsfähigen Holzgasgenerator gearbeitet. Im Versuch verschmiert und verklebt das Kurbelwellengehäuse durch vom Generator hervorgerufene Verunreinigungen wie Asche, Teer und Schwefel. Insbesondere betroffen ist auch die „lebenswichtige" Ölbohrung zum Pleuellager. Eine befriedigende Betriebssicherheit der Maschinen erreicht Anton Lentz durch die Konstruktion einer Gasschleuse für das Zweistoff-Verfahren, bei dem das angesaugte Gemisch aus Holzgas und Diesel während des Spülvorgangs durch die Anordnung und Funktion von besonderen Gemischklappen innerhalb der Schleuse vorge-

Der Lanz-Eilbulldog

D 2539

LANZ
Eil-Bulldog
55 PS

D 2531

D 2531, D 2539 — Bauart des Schleppers und Normalausrüstung

Schlepper-Bauart: Block-Konstruktion, Rumpf bestehend aus Zylinder, Kurbel-, Getriebe- und Hinterachsengehäuse.

Motor-Bauart: Einzylinder-Zweitakt-Mitteldruckmotor, liegend angeordnet, mit Glühkopfzündung und Schlitzsteuerung, Bohrung 225 mm, Hub 260 mm, Hubraum 10,3 Liter, Drehzahl 750 Umdr./Min., Leerlauf-Drehzahl 350 Umdr./Min.

Regler: Endregler, auf Kurbelwelle sitzend, hält Motordrehzahl bei jeder Umdrehung konstant.

Schmierung: Kombinierte Frischöl- und Umlauf-Druck-Schmierung für die Motor-Triebwerksteile; Hochdruck-Fettschmierung für die übrigen Teile. Doppelte Umlauföl-Filterung: Sieb im Kurbelgehäuse und Filzplattenfilter im Ölbehälter.

Kühlung: Wärmegefälle-Umlaufkühlung ohne Pumpe mit Windflügel und 8 leicht auswechselbaren Kühlerelementen. Kühlwirkung durch Jalousie vom Führersitz aus regulierbar.

Luftfilter: Lanz-Hochleistungsfilter mit ölfeuchter Kokosfaser-Füllung.

Auspuff: Nach unten, mit doppeltem Schalldämpfer.

Kupplung: Scheibenkupplung, automobilmäßig betätigt.

Riemenscheibe: auskuppelbar, rechts auf der Kurbelwelle, 520 mm Ø, 164 mm breit, Drehzahl 750 Umdr./Min. (nur als Sonderausrüstung; Riemenantrieb bedingt Wegnahme des rechten Vorderrad-Kotflügels).

Getriebe: Stirnräder-Schubgetriebe, mit einem Schalthebel, durchschaltbar; 5 Vorwärtsgänge, 1 Rückwärtsgang.

Bremsen: Getriebe-Handbremse, Hinterrad-Fußbremse, Kupplungs-(Riemenscheiben-)Bremse.

Vorderachse: Mit gabelförmigen Enden und Halbelliptikfedern.

Vorderräder: mit Luftreifen 7,00—20 auf Stahlfelgenrädern 5"—20.

Hinterräder: Mit Luftreifen 13,00—20 auf Felgen 11"—20 bzw. Ausweichgrößen, z. B. 12,00—20 auf Felgen 10"—20 oder Ackerluftreifen 12,75×28 auf Tiefbettfelgen 28×8".

Kotflügel: Automobilmäßig, über Vorder- und Hinterrädern.

Führerplatz: Allseitig umschlossen, mit 2 Türen, Windschutzscheibe, Scheibenwischer, Armaturenbrett (mit elektr. Schaltkasten, Kilometerzähler, Motordrehzahlmesser, Drehrichtungsanzeiger usw.). Rechtssteuerung; alle Bedienungshebel automobilmäßig angeordnet.

Führersitz: Weich gepolsterte Schwingfeder-Sitzbank mit Rückenlehne und einstellbaren Öl-Stoßdämpfern.

Anhängevorrichtung: Automatische Sicherheits-Anhängevorrichtung, gefedert.

Elektrische Anlage: Lichtmaschine 12 Volt 200 Watt, 2 Batterien 12 Volt je 122 Amp./Std., 2 Scheinwerfer mit Fernlicht, Abblendlicht und Standlicht, 2 Schlußlichter, Stopplicht, Signalhorn. **Anlaßzündung** (zur Inbetriebsetzung des Motors ohne Heizlampe): umfaßt Zündspule, Zündkerze, Schalter usw. **Starter** 24 Volt, zur Ingangsetzung des Motors.

Zubehör: Luftreifen-Montage-Werkzeug, Luftpumpe, Luftdruckprüfer, Wagenheber, Säureprüfer, Heizlampe, Fettpresse, Werkzeugkasten mit vollständigem Werkzeug sowie ein Satz kleinerer Ersatzteile.

Sonderausrüstungen gegen Mehrpreis

Wasserdichtes (festes) Dach mit 2 Seitenwänden und einer Rückwand, mit Celluloidfenstern versehen, zum Abnehmen und Aufrollen eingerichtet.

Führerhaus mit dem Schlepper solid verbunden, mit 2 seitlichen verschließbaren Türen, ausstellbarer Windschutzscheibe, 2 Scheibenwischern, 2 Kurbelfenstern in den Türen, 3 festen Fenstern, Schwingfeder-Polstersitzbank mit einstellbaren Ölstoßdämpfern.

Riemenscheibe (zum Anschrauben an die Kupplungsscheibe) zur Übertragung der vollen Motorleistung (Riemenantrieb erfordert Abnehmen des rechten Vorderradkotflügels).

Dreieckwarnzeichen für D 2539.

Zapfwelle rechts neben Getriebegehäuse, vollkommen staubdicht gekapselt, in Kegelrollenlagern laufend, auf Wunsch auch zur Übertragung der vollen Motorleistung.

Seilwinde (eigenes Erzeugnis) für 3000 kg maximale Zugkraft (in Fahrtrichtung), mit 120 m Seil von 14,3 mm Ø, hinter den Hinterachsen angeordnet. Gesamter Antrieb staubdicht gekapselt, Zahnräder im Ölbad laufend. Selbsttätige Seilführung.

Druckluft-Anhängerbremsanlage zum Bremsen von Anhängern mit Druckluftbremsen und zum Reifenfüllen, umfassend Luftpresser, Druckregler, Bremsventil, 2 Druckluftbehältern, Druckluftmesser, Kupplungskopf usw.

Technische Daten

Motorleistung	55 PS
Kraftstoff: Gasöl, Dieselöl, Paraffinöl, Braunkohlenteeröl, Schieferteeröl, Petroleum, mit Sonderausrüstung auch Steinkohlenteeröl.	
Kraftstoff-Verbrauch	etwa 240 g je PS-Std.
Kraftstoff-Behälter-Inhalt	etwa 200 Liter
Schmieröl-Verbrauch	etwa 2,75 kg je Arbeitstag
„ -Behälter-Inhalt	17 Liter
Benzin-Behälter-Inhalt	17 Liter
Kühlwasser-Behälter-Inhalt	50 Liter

Maße und Gewichte

	Luftbereifung 12,00—20	Luftbereifung 13,00—20
Größte Länge, Bulldog ohne Führerhaus	3900 mm	3900 mm
Größte Länge, Bulldog mit Führerhaus	3920 mm	3920 mm
„ Breite	2160 mm	2160 mm
„ Höhe, Bulldog ohne Führerhaus	2110 mm	2135 mm
„ Höhe, Bulldog mit Führerhaus	2235 mm	2260 mm
Radabstand	2515 mm	2515 mm
Bodenfreiheit	275 mm	300 mm
Spurweite, von Radmitte zu Radmitte, vorn	1370 mm	1370 mm
„ hinten	1630 mm	1630 mm
Vorderräder, wirksamer Ø der Reifen	820 mm	820 mm
Breite der Reifen	175 mm	175 mm
Hinterräder, wirksamer Ø der Reifen	1076 mm	1126 mm
Breite der Reifen	310 mm	340 mm
Abstand der Anhängevorrichtung vom Boden	890 mm	915 mm
Wendekreis-Halbmesser	5,2 m	5,2 m
Gewicht, betriebsfertig, in Normalausrüst., etwa	4360 kg	4380 kg
„ „ mit Führerhaus . etwa	4530 kg	4550 kg

Fahrgeschwindigkeiten und maximale Brutto-Zugleistungen

auf guter, fester, trockener Straße bei 0% Schlupf

Gang	Geschwindigkeit km/Std. bei Bereifung 12,00-20	Maximale Brutto-Zugleistung in Tonnen bei Steigung 0% / 3% / 6% / 9% / 12% / 15%
1.	4,4	über 30 / 30 / 25 / 18 / 14 / 10
2.	7,9	„ 30 / 25 / 14 / 9 / 6 / 4
3.	14,1	„ 30 / 14 / 7 / 4
4.	24,0	„ 20 / 8 / 4
5.	29,2	„ 15 / 4
Rückw.	6,5	

Abbildungen, Maße und Gewichte annähernd und unverbindlich.

Auch hier die seltenere Ausführung mit freistehendem Auspuff von E. Beyreuther aus Sachsen

Eilerparade vor dem Völkerschlachtdenkmal anlässlich des ersten gesamtdeutschen Schleppertreffens in Leipzig 1990

Sorgfältig restaurierte Eiler „Zwillinge" D 2531 bei einem Treffen von Lanz Bulldog-Freunden

Teilrestaurierter Eiler mit Fahrerhausaufbau einer Karosseriebaufirma. Im Originalzustand ist die Frontscheibe senkrecht gestellt und geteilt

Klassiker in weiß und blau: Eil-Bulldog als Paradepferd im Museum Sinsheim

Der Lanz-Eilbulldog **125**

Eil-Bulldog D 2539 mit festem Fahrerhaus und Auspuff nach unten

Bestechende Seitenlinie mit Druckluftanlage. Der Kompressor ist unter einer Verkleidung oberhalb der Schwungradabdeckung

reinigt wird, und somit schädliche Ablagerungen im Kurbelgehäuse weitgehend verhindert werden. Der 45 PS Eil-Bulldog (interne Bezeichnung D 2539 Gas) arbeitet mit einer heckseitig angeordneten Generatoranlage der Firma Imbert inklusive erforderlicher zusätzlicher Nebenaggregate, und bringt ein Eigengewicht von fast 5 Tonnen auf die Waage. Im Vergleich zum herkömmlichen Treibstoff tritt bei der Verwendung von Gasgemisch ein erheblicher Leistungsverlust ein, der durch Veränderungen am Motor (Hubraumvergrößerung auf 13,8 Liter durch Vergrößerung der Bohrung von 225 auf 260 mm) nur bedingt auszugleichen ist. Dennoch bringt es der Gas-Bulldog auf eine Dauerleistung von 40 PS, die Höchstleistung per Stunde wird mit 45 PS angegeben, die höchste Zugleistung soll 30 Tonnen betragen. Mit einer Tankfüllung Generatorholz kann der Bulldog im Mischbetrieb bis zu 2,5 Betriebsstunden arbeiten. Dieser 45 PS Eil-Bulldog auf der Basis des D 2531 und D 2539 wird in 149 Einheiten in der Zeit von 1941-1943 produziert.

Insgesamt wird der „Rolls Royce of tractors" von 1937-1944 in einer Stückzahl von 2415 Exemplaren gebaut, nach dem Krieg von 1945 bis 1954 folgen im identischen Baumuster weitere 508 Maschinen. Die Schlepperversuchsabteilung und das Konstruktionsbüro wird während des Krieges in das Kaufhaus Vetter in Mannheim ausgelagert. Ab 1944 gelingt durch Vermittlung von Anton Lentz die Brandrettung aller Zeichnungen und Fertigungsunterlagen, auch die des Eil-Bulldogs, über private Kontakte nach Heidelberg. So setzt die Produktion unter amerikanischer Aufsicht bereits 1945 mit fünf Maschinen, teilweise aus Kriegsschrott geborgen und mit erhaltenen Teilebeständen ergänzt, wieder ein. Die Anschaffungskosten belaufen sich im Jahr 1950 für einen D 2531 in Cabrio-Ausführung auf 13.880 DM, die Seilwinde kostet noch einmal 3320 DM, insgesamt also ein Schnäppchenpreis, bezogen auf heutige Verhältnisse.

Einige Eil-Bulldogs werden nachträglich mit Umbaumotoren der Halbdieselserie mit 50 und 60 PS - Motoren gebaut bzw. nachgerüstet. Bis auf wenige erhaltene Zugmaschinen haben alle Boliden den unumkehrbaren Weg in die Schrottpresse angetreten. Der Mythos dieser wohl einmaligen Schleppergattung erlebt durch das seit mehr als 30 Jahren entfachte Bulldog-Fieber eine neue Renaissance. Wenige im Originalzustand erhaltene Raritäten befinden sich heute in privater Sammlerhand oder präsentieren sich auf Ausstellungen oder im Museum dem faszinierten

Eil-Bulldog D 2531 mit Karosserieteilen eigener Fertigung

Markantes Merkmal ist der 5. Gang. Schalthebel und Doppelklammer der Lenkradhalterung an der Steuersäule

Zwei Legenden auf dem Heiligengeistfeld in Hamburg 1960: Der Eil-Bulldog und John Lennon

Foto: Astrid Kirchherr

Betrachter. Der historische Bestand ist jedoch in Bezug auf die tatsächliche Schlepperidentität und Originalität nicht garantiert. Ein hochgerüsteter Teilemarkt ermöglicht jedem Besitzer eines großen Glühkopfes den Umbau seiner Ackermaschine zu einem Eil-Bulldog mit nachgefertigtem 5-Gang-HL-Getriebe einschließlich vergoldetem Tankverschluss und Fernthermometer. In der Szene und den Medien wird diese Entwicklung sehr kontrovers diskutiert.

Die Seilwinde am Eil-Bulldog

Die Seilwinde eignet sich für den Einsatz in unterschiedlichen Arbeitsfeldern, z. B. in Baugruben, Steinbrüchen, oder im Forst, wo außergewöhnliche Zugkräfte gefragt sind. Wenn schwer beladene Wagen aus der Sandgrube oder einem Sumpfgelände zu ziehen sind oder es riesige Baumstämme oder Steine zu bergen gilt, ist der Bulldog mit angebauter Seilwinde in seinem Element. Überall dort, wo die Zugmaschine nicht unmittelbar an den Einsatzort heranfahren kann, leistet die Seilwinde über eine Distanz von bis zu 180 m quasi als verlängertes Zugmaul unverzichtbare Dienste. Sie bewältigt schwerstes Stückgut auch auf unbefahrbaren Straßen oder in Hanglagen und kann verunglückte Havaristen sicher an den Haken ziehen. Die Winde ist unterhalb der Plattform des Führerstandes in Dreipunktabstützung innerhalb des Seilwindenrahmens montiert und besteht aus einem im Ölbad laufenden Getriebe, der Seiltrommel mit dem Seil, sowie einer automatischen Seilführung. Der Antrieb erfolgt vom Motor über die Zapfwelle mittels einer Rollenkette an das Kettenrad der Antriebsschnecke.

Diese greift in das kräftige Zahnrad der quer laufenden Achse der Seiltrommel. Das Kreuzstück der „automatischen" Seilrollenführung erhält seinen Antrieb im verlängerten Kraftschluss wiederum von der Seiltrommelachse und sorgt durch eine spezielle Zahnradform für ein gleichmäßiges und schonendes Aufrollen des Seiles. Die „Reichweite" des Seiles richtet sich nach seiner Stärke und beträgt beispielsweise bei einem Seilquerschnitt von 13 mm 120 m bis zu 180 m, die Seilgeschwindigkeit bis zu 3,9 m/Sek. Die maximale Zugkraft der Winde wird mit 3000 kg angegeben, bei seitlicher Verschwenkung des Zugpunktes um 20° reduziert sich die Windenleistung erheblich. Um den idealen Zugpunkt und den sicheren Stand des Bulldogs an jedem Standort zu gewährleisten, wirkt eine so genannte Hang- oder Bergstütze mit großen hinteren Spornen als Anker. Für die Lastsicherung am Hang sorgt eine vom Fahrersitz aus zu bedienende Seilwindenbremse, die unmittelbar auf die Antriebsschnecke des Getriebes wirkt. Das gesamte Windenpaket kann als eine Einheit mit wenigen Handgriffen am Bulldog an- und abgebaut werden. Das Gesamtgewicht der kompletten Seilwinde beträgt etwa 550-600 kg.

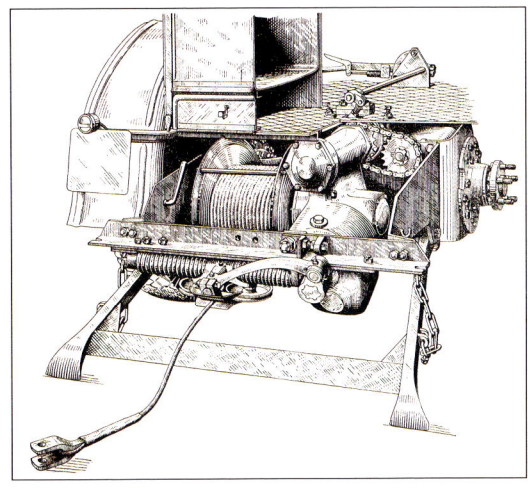

Seilwinde am 55 PS Lanz Eil-Bulldog, Zugkraft 3 000 kg, Seillänge 120 m, Seildurchmesser 14,3 mm

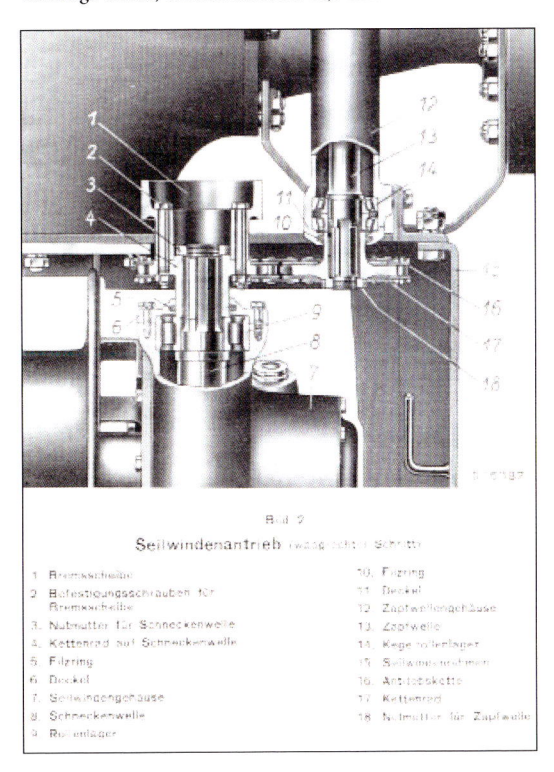

Bild 9
Seilwindenantrieb (waagrechter Schnitt)

1. Bremsscheibe
2. Befestigungsschrauben für Bremsscheibe
3. Nutmutter für Schneckenwelle
4. Kettenrad auf Schneckenwelle
5. Filzring
6. Deckel
7. Seilwindengehäuse
8. Schneckenwelle
9. Rollenlager
10. Filzring
11. Deckel
12. Zapfwellengehäuse
13. Zapfwelle
14. Kegelrollenlager
15. Seilklemmschraube
16. Antriebskette
17. Kettenrad
18. Nutmutter für Zapfwelle

Doppelte Kraft durch die Seilwinde am LANZ Bulldog

Prospekt von 1938

Die Seilwinde am LANZ-Bulldog

macht sich binnen kurzem bezahlt bei Arbeiten in Forstbetrieben, Bauunternehmen, Steinbrüchen, Sandgruben, Speditionen, beim Wegebau, Abbrucharbeiten, Schaustellern – um nur auf einige wenige der vielen Anwendungsmöglichkeiten zu verweisen.

Die Seilwinde wird, auch zum nachträglichen Einbau, geliefert zum
35 PS Bulldog D 8506/8532
45 PS Bulldog D 9506/9532
55 PS Bulldog D 2531/2539

Kraftübertragung erfolgt über die Zapfwelle. Getriebelagerung in staubdichtem Ölbadgehäuse. Seilwindenbremse zur Verzögerung der Seilwindengeschwindigkeit bei abwärtslaufender Last.

Zugkraft am Seil bei:
Zugrichtung genau längs durch den Bulldog   3000 kg – 3 t
Zugrichtung im seitlichen Winkel von 20 Grad   1000 kg
Gewicht der kompletten Seilwinde   ca 840 kg
Seilstärke (normal)   14,3 mm
Seilgeschwindigkeit   0,65 – 1,08 m/sek
Seillänge   120 – 165 m

HEINRICH LANZ MANNHEIM
AKTIENGESELLSCHAFT
Fernruf 43555/32555   Drahtwort: Lanzwerk Mannheim

Alle Kräfte im LANZ-Bulldog werden mobil, wenn man ihn für besonders schwere Arbeiten mit einer Seilwinde ausstattet. Das ohnehin hohe Leistungsvermögen des Bulldog wird noch mehr erweitert durch eine wirtschaftliche, einfach zu bedienende Zusatzeinrichtung.

LANZ Bulldog

1000 kg
20°
Zugkraft 3000 kg

Der Bulldog ist seiner Leistungsfähigkeit, Unverwüstlichkeit und Unempfindlichkeit wegen seit 30 Jahren sprichwörtlich bekannt. Mit der Seilwinde erfährt seine Leistung eine nochmalige Steigerung, die etwa einer Verdoppelung entspricht.

Seilwinde mit Bergstütze an einem Eil-Bulldog

Eil-Bulldog im Lastfuhrbetrieb mit seinem kleineren Bruder. Der 35 PS Eiler hat mit dem ersten Kolben 500 000 km erreicht

> Schon mit der Nachwuchsausbildung beginnt die Erziehung zur Präzisionsarbeit, eine der Grundlagen der großen Erfolge des **LANZ**-Bulldog

Ausbilder und Lehrling am Modell eines in der Lehrwerkstatt gefertigten Modell-Eil-Bulldog

Unfallwrack eines D 2539

Dieser Schrottberg würde heute bei einer Internetauktion ein kleines Vermögen erzielen

Eil-Bulldog mit Imbert Gasgenerator. Die Maschine arbeitet im Zweistoff-Verfahren und wurde von 1941-1943 in geringer Stückzahl gebaut. Mit diesem Triebwerk erreicht der D 2539 eine Dauerleistung von nur 40 PS

Konstruktion und Ausrüstung
des 55 PS Eil-Bulldog D 2539-Gas

5 Fahrgeschwindigkeiten vorwärts, dadurch beste Anpassung an Steigungen und Belastungen.

Große Wendigkeit, auf Baugelände, Kiesgruben, engen Straßen und kleinen Plätzen sehr vorteilhaft.

Motor-Bauart: Liegender Einzylinder-Zweitakt-**Mitteldruckmotor** ohne Ventile, nach dem Zweistoffverfahren arbeitend, mit **Frischöl-Umlaufschmierung** für den Motor und **Preßschmierung** aller übrigen Teile des Schleppers, Wasserumlaufkühlung mit auswechselbaren Elementen.

Sofortige Startbereitschaft durch elektrischen **Anlasser.**

Scheibenkupplung.

Elektrische Beleuchtung.

Steuersäule seitlich, dadurch viel Platz für den Beifahrer.

Angenehmer Sitz, Schwingfedersitzbank mit Stoßdämpfern.

Windschutzscheibe mit elektr. Doppel-Scheibenwischer.

Kugelschaltung mit sicherer Verriegelung, mit 1 Schalthebel.

Automobilartige Hebelanordnung, von links nach rechts in der Reihenfolge: Handbremse, Kupplungspedal, Gangschalthebel, Steuersäule, Fußbremse, Handgashebel.

Zweitüriges Führerhaus mit Kurbelfenstern und herausstellbarer Windschutzscheibe.

Schmierölersparnis durch automatische Regelung der Oelzufuhr.

Praktische Unterbringung von Einzelteilen unter einer aufklappbaren Haube: Luftfilter, Oelkanne, Zündspule, Boschhorn.

Armaturenbrett mit Schaltkasten, Kilometerzähler, Winkerschalter usw.

Autokotflügel, Auspuff nach unten.

Weiche Federung durch querliegende Halbelliptikfeder vorne.

Luftbereifung.

Sonderausrüstung: Seilwinde, Zapfwelle, Druckluft-Anhänger-Bremsanlage.

Technische Einzelheiten

Höchstleistung über 1 Stunde	etwa 55 PS
Normale Dauerleistung	etwa 50 PS
Zylinderbohrung	225 mm
Kolbenhub	260 mm
Hubraum	10,3 Liter
Drehzahl normal	750 U/min
z. Zt. lt. § 36a der St.V.Z.O. je nach Bereifung gedrosselt auf ca	630 U/min
Leerlauf-Drehzahl	350 U/min
Betriebsstoffbehälter-Inhalt: Gasöl	33 Liter
Schmieröl	17 Liter
Benzin	8 Liter
Kühlwasser	50 Liter
Gaserzeuger	Imbert
Holz-Füllung des Gaserzeugers	etwa 120 kg
Holzverbrauch	etwa 0,8—1 kg pro PS/Std.
Gasölverbrauch im Dauerbetrieb	etwa 2—2,5 kg je Std.
Betriebsdauer bei einer Füllung des Gaserzeugers	etwa 2 bis 2½ Std.
Bremsen: 1 Hinterradfußbremse, 1 Handgetriebebremse.	
Höchstgeschwindigkeit bis auf weiteres gedrosselt auf	28 km/Std.

Der Lanz-Eilbulldog

Erhöhen Sie die Leistungsfähigkeit Ihres Fahrers

durch die neue **LANZ** Schwingfedersitzbank

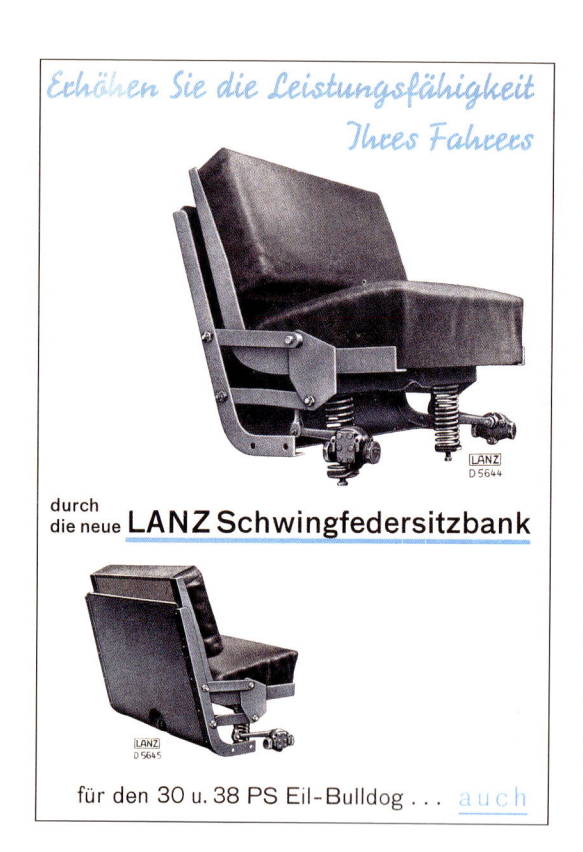

für den 30 u. 38 PS Eil-Bulldog . . . auch

für nachträglichen Einbau

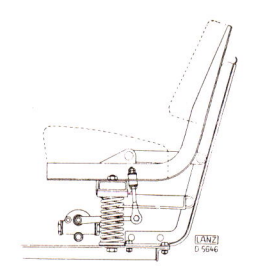

Die Bank — für 2 Personen mit Autopolsterung auf Winkelstahlrahmen — ist an einer Parallelführung gesetzlich geschützter Anordnung aufgehängt und ruht auf kräftigen, sehr elastischen Schraubenfedern. Der Rückstoß wird durch zwei einstellbare Stoßdämpfer ausgeglichen.

Die neue LANZ Schwingfedersitzbank

erhöht die Bequemlichkeit durch stoßfreieres Fahren
vermeidet dadurch vorzeitige Ermüdung des Bulldogfahrers und
steigert dessen Leistungsfähigkeit

VERLANGEN SIE BITTE UNSER ANGEBOT!

HEINRICH **LANZ** MANNHEIM
AKTIENGESELLSCHAFT

Fernruf: 34411 · Drahtanschrift: Lanzwerk Mannheim
Drahtanschrift für die Lanz Zweigstellen: „Lanzwerk"

Zweigstellen:	Fernruf:		
Berlin W 9, Bellevuestraße 10	. . . . . Kurfürst 9226	Köln-Zollstock, Höninger weg 115/31 . . . 95941/42	
Breslau 13, Kaiser-Wilhelm-Straße 35 . . . 36221	Königsberg i. P., Bahnhofsallstraße . . . Pregel 41135	
Hannover-Wülfel, Brabrink 4 84447	Magdeburg, Listemannstraße 17 . . . . 22341/43	
	München-Laim, Landsberger Straße 328 München 80451	

Paul Schweitzer
Maschinengroßhandlung
Telefon 62374
Ludwigshafen a. Rh.

Agra in Markkleeberg 2007: Umbaubulldog mit nachgerüstetem Halbdieselmotor vor das originale 5-Gang-Getriebe

Nachrüstung des 55 PS Eil-Bulldogs mit Halbdieselmotor: Hier das zweite in Deutschland noch bekannte Exemplar mit 60 PS

Der letzte legitime Nachfolger des 55 PS Eil-Bulldog: Der Verkehrsbulldog D 6007/6017 von 1955 mit 60 PS

138 Der Lanz-Eilbulldog

4 Vorteile des LANZ-Bulldog-Diesel:

Temperamentvoll im Anziehen schwerer Lasten
Sparsam im Kraftstoffverbrauch: nur ca. 170 g pro PS und Stunde und darunter
Ruhig im Lauf
Leistungsfähig beim Transport schwerer und schwerster Lasten

Der Motor ist das bemerkenswerte Ergebnis einer großen technischen Entwicklung. Nicht umsonst baute LANZ schon 1921 die ersten Rohölschlepper der Welt.

Dieses „feste Fahrerhaus" wird auf Wunsch geliefert

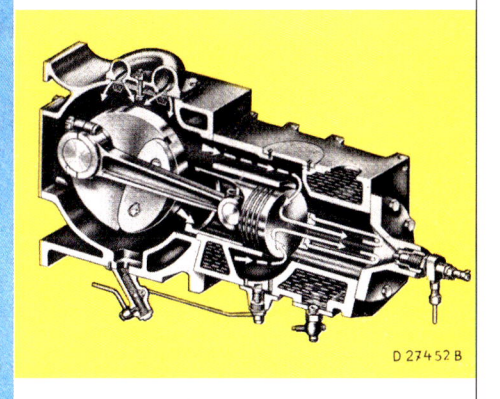

Es bietet allen Fahrkomfort für Fahrer und Beifahrer

Sonderausrüstungen machen den LANZ-Bulldog-Diesel

noch **vielseitiger**

noch **wendiger**

noch **wirtschaftlicher**

Die wichtigste ist die Seilwinde - sie verdoppelt die Kraft

Aber auch der hydraulische Kraftheber macht schwere Arbeit leicht

Und Dach, Fahrerhaus, Windschutzscheibe schützen vor Wetter und Kälte - um nur einiges zu nennen!

Der Lanz-Eilbulldog **139**

36 PS | **60 PS**

BAUART

Block-Konstruktion
Abmessungen

	36 PS	60 PS
Länge	3166 mm	3615 mm
Breite	1825 mm	1832 mm
Höhe (ohne Dach)	1930 mm	1960 mm
Höhe (mit Dach)	2400 mm	2570 mm
Bodenfreiheit	410 mm	300 mm
Radstand	1822 mm	2246 mm
Wendekreis-Halbmesser	2800 mm	3300 mm
Eigengewicht	2390 kg	3750 kg
Höchstzulässiges Gesamtgewicht	3950 kg	4500 kg
Höchstzulässiges Gesamtgewicht mit Geräten	4740 kg	6000 kg
Spurweite . . . vorn	1250 mm	1366 mm
Spurweite . . . hinten	1350 mm	1467 mm

Motor: Wassergekühlter Zweitakt-Diesel-Motor mit lastabhängigem Drehzahlregler

	36 PS	60 PS
	1 Zylinder	1 Zylinder
	1050 U/min	800 U/min

Kraftstoff: Handelsübliche Dieselkraftstoffe

Getriebe:
6 Vorwärts- und 2 Rückwärtsgänge

	36 PS	60 PS
1. Gang	3,85 km/h	4,5 km/h
2. Gang	6,0 km/h	6,7 km/h
3. Gang	8,1 km/h	9,8 km/h
4. Gang	13,8 km/h	13,9 km/h
5. Gang	21,0 km/h	20,3 km/h
6. Gang	29,0 km/h	30,0 km/h
1. Rückwärtsgang	6,0 km/h	5,8 km/h
2. Rückwärtsgang	21,0 km/h	17,5 km/h

WICHTIGSTE AUSRÜSTUNG

	36 PS	60 PS
Bereifung . . . vorn	6,00—20	7,00—20 eHD
Bereifung . . . hinten	13 —30	13 —30 TrGr
	11 —38	13 —30 Ah
Lichtmaschine	12 V 130 W	12 V 130 W
Batterie	12 V 70 Ah	12 V 105 AS

MINDESTLIEFERUMFANG

Elektrische Starteranlage mit Anlaßzündung, Kühlwasserthermometer, Schwingfederwannensitz, Druckluftbremsanlage mit Reifenfüllflasche, Innenbackenbremse, Riemenscheibe, Kilometerzähler mit Geschwindigkeitsmesser, Hand- und Fußhebel für Drehzahleinstellung, automatische Wagenanhängevorrichtung, Kühlerrollo, Ölbadluftfilter, 1 Satz Werkzeuge.

SONDERAUSRÜSTUNGEN

Hydraulischer Kraftheber, Dach, Windschutzscheibe, elektr. Scheibenwischer und Seitenteile, festes Fahrerhaus (nur für 60 PS), Zapfwelle nach Norm, verstellbare Anhängeschiene für Geräte, Sitzpolster, Zusatzgewichte.

HEINRICH **LANZ** MANNHEIM
AKTIENGESELLSCHAFT

Der Lanz-Eilbulldog **141**

Weitere Bücher unseres Verlages

Fordern Sie unser Gesamtverzeichnis an mit Büchern über **Autos**, **Motorräder**, **Lastwagen**, **Traktoren**, **Feuerwehrfahrzeuge**, **Baumaschinen** und **Lokomotiven**:

Verlag Podszun Motorbücher GmbH
Elisabethstraße 23-25, 59929 Brilon
Telefon 02961-53213, Fax 02961-9639900
Email info@podszun-verlag.de
www.podszun-verlag.de

Chronik der in die DDR importierten Schlepper wie Belarus, Zetor, Ursus, Kirowetz, Nati u.a.
128 Seiten, 300 Abbildungen
28 x 21 cm, fester Einband
Bestellnummer **455**   EUR **24,90**

Eine lückenlose Typologie der in der DDR gebauten Traktoren mit bisher unveröffentlichten Bildern.
136 Seiten, 310 Abbildungen
28 x 21 cm, fester Einband
Bestellnummer **348**   EUR **19,90**

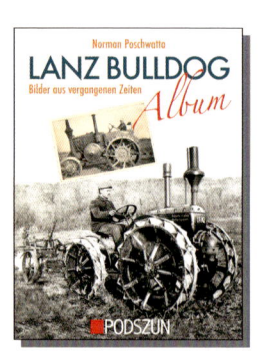

Einzigartige, bisher unveröffentlichte Fotografien aus den besten Jahren des Lanz Bulldog.
168 Seiten, 480 Abbildungen
28 x 21 cm, fester Einband
Bestellnummer **479**   EUR **24,90**

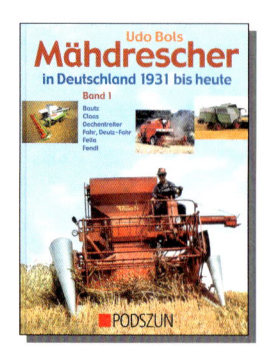

Mähdrescher in Deutschland in drei Bänden. Band 1: Bautz, Claas, Dechentreiter, Fahr, Fella, Fendt
136 Seiten, 305 Abbildungen
28 x 21 cm, fester Einband
Bestellnummer **315**   EUR **24,90**

Band 2: Fiatagri (Laverda), Fortschritt (MDW), International (Case IHC), John Deere, Ködel & Böhm
160 Seiten, 333 Abbildungen
28 x 21 cm, fester Einband
Bestellnummer **406**   EUR **24,90**

Band 3: Lanz, Massey Ferguson, Mengele, New Holland (Ford), Sampo Rosenlew u.a.
144 Seiten, 325 Abbildungen
28 x 21 cm, fester Einband
Bestellnummer **407**   EUR **24,90**

Oliver Aust zeigt in kompetenter Weise ungewöhnliche Einsatzfotos von allen MB trac-Baureihen.
120 Seiten, 280 Abbildungen
28 x 21 cm, fester Einband
Bestellnummer **423**   EUR **24,90**

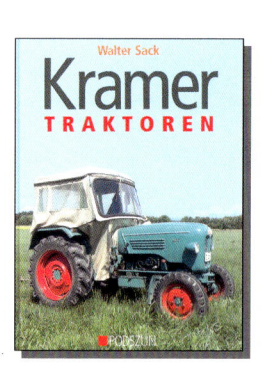

Eine lückenlose Historie der ruhmreichen Marke, mit „Allesschaffer" und „KL 11".
160 Seiten, 330 Abbildungen
28 x 21 cm, fester Einband
Bestellnummer **410**   EUR **24,90**

Miststreuer und Güllewagen, ausgestattet mit den modernsten technischen Systemen.
110 Seiten, 288 Abbildungen
28 x 21 cm, fester Einband
Bestellnummer **475**   EUR **19,90**

Alle wichtigen deutschen Traktoren von den Anfängen bis heute in chronologischer Folge.
144 Seiten, 415 Abbildungen
28 x 21 cm, fester Einband
Bestellnummer **316**   EUR **19,90**

Jahrbuch 2007 Traktoren
Wehrmachtsbulldog, Porsche Dieselschlepper, Holder-Allrad Knicklenker, Gelenkpflug u.a.
144 Seiten, 255 Abbildungen
17 x 24 cm, Leinenbroschur
Bestellnummer **425** EUR **14,90**

Jahrbuch 2008 Traktoren
Dexheimer-Traktoren, Rübezahl von LHB, Zirkus Krone Bulldogs, Dieselschlepper u.a.
144 Seiten, 268 Abbildungen
17 x 24 cm, Leinenbroschur
Bestellnummer **460** EUR **14,90**

Jahrbuch 2008 Unimog & MB-trac
Unitrac, Unimog U20, Thema „Feuerwehr" im Unimog-Museum, Urgetriebe des Unimog
144 Seiten, 280 Abbildungen
17 x 24 cm, Leinenbroschur
Bestellnummer **464** EUR **14,90**

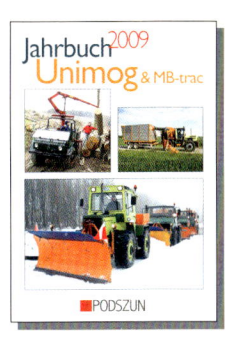

Jahrbuch 2009 Unimog & MB-trac
Uniknick Forstschlepper, Generalvertretung Wilhelm Meyer, Mulag, Strugholtz u.a.
144 Seiten, 288 Abbildungen
17 x 24 cm, Leinenbroschur
Bestellnummer **504** EUR **14,90**

Die Fendt Geräteträger Chronik (Klaus Tietgens)
Die erfolgreiche und höchst interessante Geschichte des Fendt GT umfassend aufgearbeitet.
144 Seiten, 500 Abbildungen
28 x 21 cm, fester Einband
Bestellnummer **418** EUR **24,90**

Landwirtschaftliche Anbaugeräte für Traktoren in früherer Zeit (Udo Bols)
Die Hersteller mit ihren wichtigsten Anbaugeräten sowie die Entwicklung und Funktionsweise.
152 Seiten, 550 Abbildungen
28 x 21 cm, fester Einband
Bestellnummer **441** EUR **29,90**

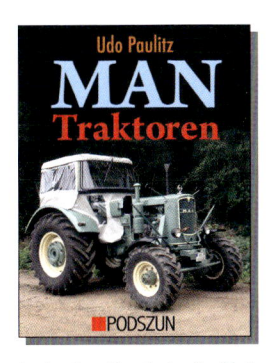

MAN Traktoren (Udo Paulitz)
Lückenlose Typologie aller Traktoren dieser legendären Marke mit vielen unbekannten Fotos.
160 Seiten, 470 Abbildungen
28 x 21 cm, fester Einband
Bestellnummer **473** EUR **19,90**

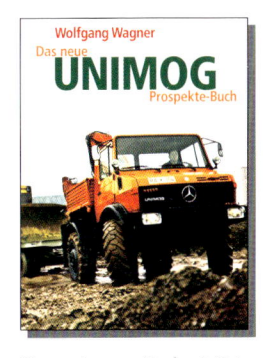

Das neue UNIMOG Prospekte-Buch (Wolfgang Wagner)
Das zweite, neue Buch mit Original-Prospekten und Dokumenten des Universalmotorgerätes.
128 Seiten, viele Abbildungen
29 x 21 cm, fester Einband
Bestellnummer **458** EUR **19,90**

Maschinen in der Maisernte (Ein Film von Oliver Aust)
Unterschiedliche Maisernteverfahren mit Maschinen von Claas, Deutz, Fendt, MB-trac, John Deere u.a.
DVD, 60 Minuten
Bestellnummer **491**   EUR **19,90**

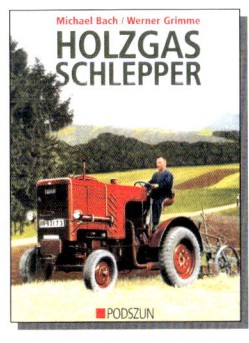

Holzgasschlepper (Michael Bach / Werner Grimme)
Alle deutschen Holzgastraktoren kenntnisreich erklärt, mit vielen Abbildungen und techn. Daten.
176 Seiten, 360 Abbildungen
28 x 21 cm, fester Einband
Bestellnummer **417**   EUR **29,90**

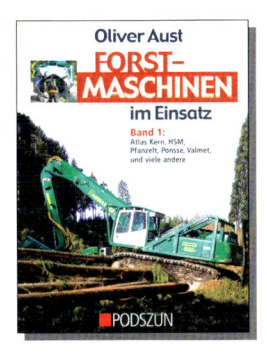

Forstmaschinen im Einsatz Band 1 (Oliver Aust)
1. Band mit den Firmen Hitachi, Atlas Kern, Caterpillar, Valmet, Fendt, HSM, Kockums, Pinox u.a.
168 Seiten, 390 Abbildungen
28 x 21 cm, fester Einband
Bestellnummer **453**   EUR **29,90**

Forstmaschinen im Einsatz Band 2 (Oliver Aust)
2. Band mit den Firmen Timberjack, Skogsjan, Eco Log, Welte, FMG Ösa u.a.
168 Seiten, 400 Abbildungen
28 x 21 cm, fester Einband
Bestellnummer **454**   EUR **29,90**

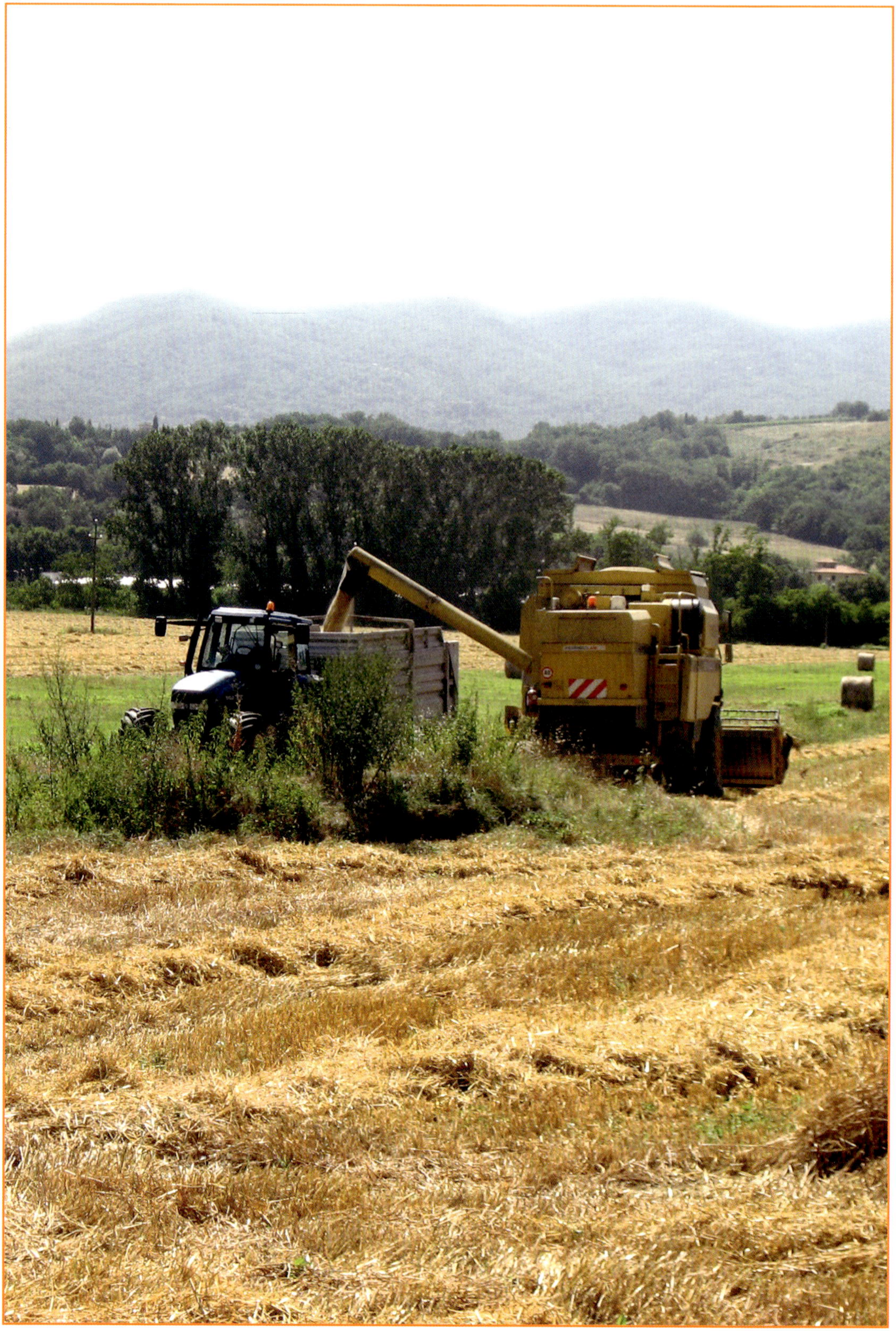